上海大学出版社

2005年上海大学博士学位论文 62

动力学系统对称性与守恒量若干问题的研究

● 作 者：张 宏 彬

● 专 业：一 般 力 学 与 力 学 基 础

● 导 师：陈 立 群

Shanghai University Doctoral Dissertation (2005)

Investigation of Some Problems about the Symmetry and Conserved Quantity of Dynamical Systems

Candidate: Zhang Hong-Bin
Major: General Mechanics and Mechanical Foundation
Supervisor: Chen Li-Qun

Shanghai University Press
• Shanghai •

摘　要

论文对动力学系统Lie对称性和守恒量的有关问题进行了研究，其中包括动力学系统的Lie对称性与Hojman守恒量、动力学系统的Lie对称性与守恒量的逆问题和离散动力学系统的变分原理和离散Noether定理等.

第一章，简要介绍了近年来动力学系统Lie对称性和守恒量有关研究的进展，包括非Noether守恒量理论的研究、Lie对称性与守恒量逆问题的研究和离散力学系统的对称性和守恒量的研究等.

第二章，Hojman定理和Lutzky定理的统一形式：首先，引入一般意义下的Lie变换群(即位型变量q_s和时间变量t同时变换)，给出系统的Lie对称性确定方程，提出一个新的守恒律，Hojman定理与Lutzky定理则分别是这个新守恒律在两个特殊情况下的推论，导出一个可排除平凡Hojman守恒量的定理，并分别讨论了Birkhoff系统和非完整系统的Lie对称性和Hojman守恒量，最后，讨论了Hamilton系统的梅对称性与Lie对称性的关系，给出了由梅对称性求Hojman守恒量的方法.

第三章，动力学系统Lie对称性与守恒量逆问题：将Katzin和Levine在研究二阶微分方程含速度无限小对称变换的特征函数结构时使用的方法进行了推广，并分别研究一阶非完整约束系统和Birkhoff系统的无限小对称变换的特征函数结构，讨论了非完整系统非等时变分方程的特解与其第一积分的联系,给出非完整系统 Lie 对称逆问题的一个解法.

第四章,位型空间中离散力学系统的对称性与第一积分:首先,将位型空间离散变分原理进行了推广,并分别应用于非保守系统和一阶线性非完整系统,得到了它们的离散运动方程和离散的 Noether 定理;接着,将位型空间中的离散变分原理推广至相空间,给出了 Hamilton 形式的离散变分原理、得到了 Hamilton 形式的离散运动方程、讨论了 Hamilton 形式的离散对称性和第一积分.

第五章,事件空间中离散力学的对称性与离散第一积分:首先,将位型空间中的离散变分原理推广到事件空间中,并分别应用于完整保守系统和 Birkhoff 系统,得到了它们的离散运动方程,并讨论了它们的离散对称性和第一积分,不仅给出了系统的离散"动量"积分,而且还得到了系统的离散"能量"积分.

第六章,总结与展望,说明本文所得到的主要结果以及未来研究的一些想法.

关键词 Lie 对称性,Noether 对称性,守恒量,非 Noether 守恒量,特征函数结构,Lie 对称性与守恒量逆问题,离散力学,Noether 定理

Abstract

The present dissertation treats Lie symmetries and conserved quantities for dynamical systems, including the Lie symmetries and Hojman's conserved quantities of dynamical systems, the inverse problem of Lie symmetries and conserved quantities, and the variational principle of discrete dynamical systems and the discrete Noether's theorem. The dissertation consists of six chapters.

The first chapter surveyed briefly the resent progresses in the theory of non-Noether's conserved quantities, the inverse problem of Lie symmetries and conserved quantities, and the symmetries and conserved quantities of discrete mechanical systems.

Chapter two proposes the unified form of Hojman's conservation law and Lutzky's conservation law. Firstly, the author introduces the general Lie group of transformations that the variations of both the time and the generalized coordinates are considered, derives the determining equation of Lie symmetry for the system, presents a new conservation law, which contains the Hojman's and the Lutzky's conservation law as two special cases, and obtains a condition to exclude trivial Hojman's conserved quantities. Next, the author investigates the Lie symmetries and Hojman's conserved quantities for the Birkhoff systems and the nonholonomic systems respectively. Finally, the author discusses the relation between Mei's symmetry and Lie symmetry for Hamilton systems, and develop a method to find Hojman's conserved quantities by using Mei's symmetries.

Chapter three analyzes the inverse problem of Lie symmetries and conserved quantities for dynamical systems. Firstly, the author generalizes the method used to find the characteristic functional structure of velocity-dependent infinitesimal symmetry transformations for second order differential equations by Katzin and Levine, and studies the characteristic functional structure of infinitesimal symmetry transformations for the first order nonholonomic constrained systems and the Birkhoff systems respectively. Next, the author studies the connection of first integrals with particular solutions of the nonsimultaneous variational equations for nonholonomic systems, and presents a new approach to find the inverse problem of Lie symmetry for nonholonomic systems.

Chapter four deals with the symmetries and first integrals of discrete mechanics in configuration space. Firstly, the discrete variational principle of holonomic conservative systems have been generalized to the first order linear nonholonomic and the nonconservative systems respectively, and the discrete equations of motion and the discrete Noether's theorem for the first order linear nonholonomic and the nonconservative systems are obtained. Next, the author changes the discrete variational principle from Lagrangian form to the Hamiltonian form, gives the discrete equations of motion in canonical form, and presents the discrete Noether's theorem in Hamiltonian form.

Chapter five investigates the symmetries and first integrals of discrete mechanics in event space. The author presents the discrete variational principle in event space, gives the discrete equations of motion, proposes the discrete symmetries and first integrals for the holonomic conservative systems and the Birkhoff systems respectively. Both the discrete momentum integrals and the discrete energy integrals are derived for the discrete equations of motion.

Chapter six concludes the dissertation by summarizing the main results and presenting some ideas for the future researches.

Keywords Lie symmetry, Noether symmetry, conserved quantity, non-Noether's conserved quantity, characteristic functional structure, inverse problem of Lie symmetry and conserved quantity, discrete mechanics, Noether's theorem

目 录

第一章 绪论 ………………………………………………………… 1

1.1 引言 ………………………………………………………… 1

1.2 非 Noether 守恒量理论研究的历史和现状 ………………… 5

1.3 动力学系统 Lie 对称性与守恒量逆问题研究的历史和现状 ………………………………………………………… 7

1.4 离散力学系统对称性与守恒量理论研究的历史和现状 ………………………………………………………… 9

1.5 研究内容的概述 ………………………………………… 11

第二章 Hojman 定理和 Lutzky 定理的统一形式 ………………… 14

2.1 引言 ………………………………………………………… 14

2.2 非完整系统的 Lie 对称性和非 Noether 守恒量 ………… 16

2.3 Birkhoff 系统的 Lie 对称性和非 Noether 守恒量 …… 23

2.4 Hojman 定理和 Lutzky 定理的统一形式 ………………… 29

2.5 Hamilton 系统的梅对称性与 Hojman 守恒量 …………… 43

2.6 小结 ………………………………………………………… 54

第三章 动力学系统 Lie 对称性与守恒量的逆问题 ……………… 55

3.1 引言 ………………………………………………………… 55

3.2 非完整系统的无限小对称变换的特征函数结构 ……… 57

3.3 Birkhoff 系统的无限小对称变换的特征函数结构 …… 66

3.4 非完整系统非等时变分方程的特解与其第一积分的联系 ………………………………………………………… 75

3.5 小结 ………………………………………………………… 87

第四章　位型空间离散力学系统的对称性与第一积分 …… 89
4.1　引言 …… 89
4.2　非保守系统的离散变分原理与第一积分 …… 90
4.3　非完整系统的离散变分原理与第一积分 …… 99
4.4　Hamilton形式的离散变分原理与第一积分 …… 104
4.5　小结 …… 114

第五章　事件空间离散力学系统的对称性与第一积分 …… 115
5.1　引言 …… 115
5.2　事件空间中完整保守系统的离散变分原理和第一积分 …… 116
5.3　事件空间中Birkhoff系统的离散变分原理和第一积分 …… 125
5.4　小结 …… 137

第六章　总结与展望 …… 138
6.1　本文得到的主要结果 …… 138
6.2　未来研究的设想 …… 140

参考文献 …… 141
致谢 …… 155

第一章 绪 论

1.1 引言

物理学各个领域里有着众多的定理、定律和法则，但是它们的地位并不是平等的，而是有层次的. 例如，力学中的胡克定律，热学中的物态方程，电学中的欧姆定律，都是经验性的，仅适用于一定的材料、一定的参量范围，它们是较低层次的规律. 而统帅整个经典力学的是牛顿定律；统帅整个电磁学的是麦克斯韦方程，它们都是物理学中整整一个领域中的基本规律，层次要高得多. 超过了弹性限度胡克定律不成立，牛顿定律却仍然有效；对于晶体管，欧姆定律不适用，但麦克斯韦方程组仍成立. 守恒定律是更高层次的法则，如我们熟知的能量、动量、角动量、电荷和宇称守恒定律等，它们是跨越物理学各个领域的普遍法则. 于是，寻找各个具体系统的守恒量（不变量，运动常数或第一积分）已成为当代数学、力学和物理学家（特别是粒子物理学家）高度关注的课题[1].

最先注意到系统的守恒量与对称性之间有联系的是 Jacobi[2]，然后是 Schütz[3]. 1905 年，Einstein[4] 提出了狭义相对论理论，使人们对时间和空间的认识发生了一场革命，Einstein 的理论再次揭示了体现自然界法则的物理规律中存在着对称性. 1916 年，Engel[5] 在经典力学领域中，发现动量守恒、角动量守恒和质心速度不变与系统平移变换、空间转动变换和 Galilean 变换的对称性之间，分别有对应关系. 而这种物理规律与对称性之间的联系激发了德国女数学家 Emmy Noether 的灵感，Noether 敏感地意识到系统对称性的重要性，1918 年，她系统地研究了动力学系统的作用量在连续群作用下的不变性，指出作用量的每一种连续对称性都将有一个守恒量与之对应[6]. 如Hamilton作用量在时间平移变换下的不变性对应着能量守恒;作用量在空间平移变换下的不变性对应着动量守恒;而作用量在空间转动变换下的不变性则对应着动量矩守恒. Noether理论深刻地揭示了力学系统的守恒量与其内在的动力学对称性的关系. Noether定理的结论既简单又深刻,它对数学、力学和物理学理论的重要性早已被后来浩瀚的文献所佐证,它给数理科学带来的影响将是长远的.

自Noether的论文发表以后,关于Noether定理的研究文献,不胜枚举[7-13]. 其中包括对Noether定理的各种推广;或者是对某些特定的物理或力学系统的应用,例如:上世纪六七十年代,南斯拉夫学者Djukić和Vujanović[14-16]等采用不同的方法将时空变换扩充为包含广义速度的变换(广义对称变换),将Noether定理推广到非保守系统;意大利学者Canditti、Palmieri和Vitale[17]给出了经典动力学系统的Noether逆定理;1981年,Sarlet和Cantrijn[18]就Noether定理的推广作了系统的总结,他们基于第一积分的结构保持经典Noether定理形式的思想,讨论了经典Noether理论推广的可能的最广泛的框架,并比较了各种推广的方法.

我国学者在Noether对称性和守恒量研究方面虽然起步较晚,但是贡献突出[19]. 刘文森将Noether定理用于Kepler问题的研究[20, 21];吴学谋[22, 23]相继介绍了Noether定理在近代力学和现代物理学中的应用;1981年,李子平先生在国际上首次研究了线形非完整约束系统的Noether理论[24],这个工作比国外Bahar[25]的同类结果早了六年[26],近年来李子平先生致力于经典和量子约束系统、奇异系统、高阶约束系统和约束Hamilton系统的对称性和Noether定理的研究,并将其结果广泛应用于电磁场、规范场、广义经典力学和连续介质力学中[27-38]. 罗勇[39]给出了一阶非线形非完整系统的Noether定理;刘端[40, 41]基于微分变分原理,建立了非线形非完整非保守系统的广义Noether定理;张解放[42, 43]将Noether定理推广到高阶非完整系统和Vacco动力学系统;罗绍凯[44-47]给出了相对论性动力学系统的 Noether 定理；俞慧丹等[44]通过引入广义势和广义惯性势，给出非惯性系中的 Noether 定理；赵跃宇[49-53]基于 Noether 定理，讨论了动力学系统的守恒量的数目和近似算方法；吴惠彬[54]给出了非完整非保守系统 Noether 定理的辛几何表示；张毅[55, 56]研究了单面约束力学系统的 Noether 定理；梅凤翔先生在专著[57]中对约束力学系统的 Noether 理论作了系统而全面的研究；傅景礼[58]等讨论了相对论 Birkhoff 系统的 Noether 理论；本人[59]曾就单面约束 Birkhoff 系统的 Noether 理论作过研究.

人们一方面在扩展利用 Noether 理论求守恒量的应用范围，另一方面又在寻找新的途径来获得动力学系统的守恒量. 对于绝大多数用微分方程描述的实际问题都具有对称性，但是不一定能够寻找出来，这一方面是由于求解对称性是一项很困难的工作，另一方面是怎么刻画和描述对称性. 1980 年前后，Lutzky[60, 61]、Prince 和 Eliezer[62]曾先后举出一系列的例子说明不变量所对应的对称性不一定是 Noether 型的，这给经典 Noether 理论带来了较大的冲击，从而促使人们从不同的角度去重新认识对称性，进而提出一系列新的对称性概念. 1979 年，Lutzky 将十九世纪末挪威著名的数学家 Sophus Lie 研究微分方程的不变性的扩展群方法引入力学领域加以研究，提出了力学系统的运动微分方程的 Lie 对称性概念，随后利用 Lie 对称方法研究动力学系统的守恒量受到广泛的关注. Olver[63]、Bluman[64]和 Ibragimov[65]等的著作对 Lie 群在微分方程中的应用从数学方面做了详细的论述. 对不变量和对称性也作了讨论. 早期，Lie 对称性是出自对常微分方程的不变性的研究. Lie 的目的是按 Galois 和 Abel 的多项式分类理论的精神，利用对称性把常微分方程的各种方法联系起来. Lie 证明：一个常微分方程如果在点变换的单参数李群的作用下保持不变，则其阶数可以减少一. 而对常见的动力学系统，其运动微分方程就是一组常微分方程.

与 Noether 理论研究思路不同的是，Lie 对称性是直接研究运动微分方程在无限小变换下的不变性. 1979 年，Lutzky[61]研究了

Lagrange 力学系统微分方程的广义 Lie 对称性(即无限小对称变换的生成元不仅包含时间和广义坐标,而且包含广义速度),并得到了 Noether 型守恒量. 后来人们尝试利用 Lutzky 方法研究一些较为复杂的系统,例如:1990 年,Sen 和 Tabor[66] 利用 Lutzky 方法研究了非线性科学中的 Lorenz 模型(它的控制方程为三个一阶常微分方程),给出了它的一些 Lie 对称性和相应的不变量;Barbara 则在文献[67] 中利用 Lutzky 方法研究了非线性科学中另外一个重要的例子:Hénon-Heiles 模型(它的控制方程为两个二阶常微分方程),给出其 Lie 对称性和相应的不变量;所有这些研究对于认识混沌的内在性质或许会有帮助. 1991 年,Shivamoggi[68] 利用 Lutzky 方法研究了含时线性谐振子的 Lie 对称性和相应的不变量. 可见,Lie 对称性方法在解决有些具体问题时显现出它的特有的优点.

我国关于动力学系统的 Lie 对称性与守恒量的研究起始于上世纪九十年代初,1992 年,赵跃宇和梅凤翔在文献[69]中介绍了 Lie 对称性概念;1994 年,赵跃宇[70] 讨论了非保守系统的 Lie 对称性和守恒量;1999 年,梅凤翔在专著[57]中系统地研究了约束力学系统的 Lie 对称性和守恒量,在我国分析力学领域产生了较大的影响,动力学系统的 Lie 对称性和守恒量的研究一时成为我国力学领域的热门课题,取得了一系列的有意义结果[71-80].

利用 Lie 对称性除了可以从 Noether 等式出发得到 Noether 型守恒量外,1979 年,Lutzky[81] 在研究 Lagrange 力学系统微分方程的 Lie 点对称性时,给出了一个非 Noether 守恒量的表达式. 同一年,Prince[82] 提出一个通过求对称矢量场的一阶扩展的不变量来得到系统的不变量的程序,此方法也只要求出系统微分方程的 Lie 对称性生成元即可. 1992 年, Hojman[83] 提出一个新形式的守恒量,其守恒量的构造既不用 Lagrangian 也不用 Hamiltonian, 而仅仅基于 Lie 对称性的生成元. 本文就 Hojman 定理在非完整系统和 Birkhoff 系统中的推广以及 Hojman 定理与 Lutzky 定理的关系做了一点有益的讨论,有关这些内容将在第二章中详细介绍.

2000年，梅凤翔[84]提出一个既不同于Noether对称性也不同于Lie对称性的新的对称性——梅对称（也称形式不变性），梅对称是指系统运动微分方程中的动力学函数，比如Lagrange函数、非势广义力、广义约束反力和约束方程等在无限小连续变换群作用下具有不变性[85-88]，利用梅对称性可以直接构造一个新形式的守恒量[89]. 我国学者就梅对称与Noether对称性的关系、梅对称与Lie对称性的关系以及利用梅对称求各种动力学系统的守恒量等问题进行了广泛的研究，并取得了一些有意义的结果[90-97]. 这些方法极大地丰富求解动力学系统守恒量的途径.

对称性与守恒量的研究之所以成为当代数理科学中一个非常活跃的领域，不仅在于通过研究系统的对称性可以得到系统的守恒量，更在于对称性和不变量理论在很多领域都有重要的应用，例如：利用微分方程的已知解导出新解；利用对称性可以从已知系统的一个第一积分来求出其他的第一积分[98]；利用系统的第一积分来求解变分方程的特解和构造系统的积分不变量[99, 100]；利用系统的第一积分来求其对应的Noether对称性[17]或Lie对称性[100]；偏微分方程的线性化和约化；在经典动力学中我们可以利用系统的不变量来设计差分计划以提高数值解的精度，尤其对于一些常微分方程组需要进行大范围、长时间的数值求解时，系统的不变量常常被用来检查数值解的精度以减小误差[101, 102]等.

本文主要侧重于研究动力学系统的对称性与不变量理论.

1.2 非Noether守恒量理论研究的历史和现状

较长一段时间以来，动力学系统的对称性问题一直是现代数学、物理和力学中的重要课题，吸引着许多研究者的关注. 动力学系统若存在某种对称性则意味着系统具有与该对称性相关的某种性质，此外，由于动力学系统的对称性与不变量（第一积分）紧密相关，所以对称性理论也是积分运动方程的一个有力工具. 寻找动力学系统的不变量的现代方法主要是：利用 Noether 对称性、Lie 对称性和梅对称. Noether 对称性是 Hamilton 作用量在无限小连续变换群作用下具有的不变性[5]，Noether 定理指出每一个 Noether 对称性都给出一个不变量. 梅的形式不变性是指系统运动的微分方程中的动力学函数，比如 Lagrange 函数、非势广义力、广义约束反力和约束方程等在无限小连续变换群作用下具有不变性[84-88]，利用梅的形式不变性可以直接构造一个新形式的守恒量[89]. Lie 对称性则是指系统运动的微分方程在无限小连续变换群作用下具有不变性或将其方程的一个解映射为另一个解，1979 年，Lutzky 应用 Lie 理论研究力学系统的对称性问题，且得到了系统的守恒量，然而 Lutzky 所获得的守恒量仅是 Noether 型的[61].

关于非 Noether 对称性和守恒量的研究起源于上世纪六十年代，1966 年，Currie 和 Saletan[103] 曾研究了单自由度力学系统的等价 Lagrange 函数问题，并指出在此情形下存在守恒量；后来，Hojman 和 Harleston[104, 105] 将此结果推广到了一般的多自由度系统，发现了一些新的结果，并称此对称性为 Lagrange 对称性. Lutzky 在文献[81, 106, 107] 研究了非 Noether 对称性（是指无限小变换群是系统微分方程的对称群非系统的作用量对称群）和不变量问题. Crampin[108]、José 和 Luis[109] 给出了非 Noether 对称性和不变量的微分几何形式. 1992 年，Hojman[83] 提出一个新形式的守恒量，其守恒量的构造既不用 Lagrangian 也不用 Hamiltonian，而仅仅基于 Lie 对称的生成元. 后来，这个直接利用系统的 Lie 对称的生成元构造守恒量的方法被 González-Gascón[110] 利用几何理论进行了推广，Lutzky[111] 应用这个直接方法研究了 Lagrange 系统的 Hojman 不变量. 虽然 Pillay 和 Leach[112] 曾证明：如果这个生成元不仅是 Lie 对称的，而且又是 Noether 对称的，则这个 Hojman 不变量是平庸的. 但是利用这个直接方法寻找动力学系统的非 Noether 守恒量仍是一件有意义的课题.

自从文献[113]讨论了 Hojman 守恒量后，我国学者对这一课题的研究取得了很大的进展，张毅[114] 将这个直接方法推广至 Birkhoff

系统，梅凤翔[115, 116]分别研究了相空间运动微分方程的非 Noether 守恒量和广义 Hamilton 系统的非 Noether 守恒量. 罗绍凯等[117]讨论了非完整系统的非 Noether 守恒量. 傅景礼和陈立群[118-120]分别研究了约束动力学系统、非保守系统和机电系统的非 Noether 对称性和守恒量. 本人利用一般意义下的 Lie 对称性(即时间和广义坐标都变化)讨论了 Birkhoff 系统和非完整系统的非 Noether 守恒量[121, 122]，并在文献[123]中提出了一个新形式的守恒量，而 Hojman 守恒量和 Lutzky 守恒量则成为该新守恒量的两个特例，有关这些讨论，在本文的第二章将会详细介绍.

1.3 动力学系统 Lie 对称性与守恒量逆问题研究的历史和现状

动力学系统的对称性与守恒量之间有着密切的关系，利用系统的对称性求其守恒量，我们可以利用 Noether 对称性方法、Lie 对称性方法和梅对称性方法. 而对其逆命题，即利用第一积分求其对应的对称性也一直受到人们的关注，1972 年，意大利学者 Canditti、Palmieri 和 Vitale 给出了经典动力学系统的 Noether 逆定理[17]，成功地解决了利用系统的第一积分求对应的 Noether 对称性问题. 人们对 Lie 对称性逆问题的研究虽然没有取得像 Noether 逆定理那样的漂亮结果，但是也取得了一些重要的结果.

1985 年，Katzin 和 Levine[124]研究表明：二阶动力学系统的所有(Noether 和非 Noether)含速度的无限小对称变换 $[\Delta q_s=\varepsilon\xi_s(t,\boldsymbol{q},\dot{\boldsymbol{q}}),\ \Delta t=\varepsilon\tau(t,\boldsymbol{q},\dot{\boldsymbol{q}}),\ s=1,\cdots,n]$ 均可以用一个特征函数结构来表达，这个特征函数结构与具体的动力学系统无关，但却明显依赖于系统的运动常数. 这个特征函数结构是通过一个辅助的对称变换函数 $Z_s(t,\boldsymbol{q},\dot{\boldsymbol{q}})$ [与 $\xi_s(t,\boldsymbol{q},\dot{\boldsymbol{q}})$ 和 $\tau(t,\boldsymbol{q},\dot{\boldsymbol{q}})$ 的关系为 $\xi_s(t,\boldsymbol{q},\dot{\boldsymbol{q}})=Z_s(t,\boldsymbol{q},\dot{\boldsymbol{q}})+\dot{q}_s\tau(t,\boldsymbol{q},\dot{\boldsymbol{q}})$]来描述的. 其含意是：只要知道了系统的

完全的独立不变量集，就能按一定的程序求出辅助的对称变换函数 $Z_s(t, \boldsymbol{q}, \dot{\boldsymbol{q}})$，从而进一步可以得到系统的无限小对称变换函数[由于 $\tau(t, \boldsymbol{q}, \dot{\boldsymbol{q}})$ 可以任意选取]. 在后续的研究中，Katzin 和Levine [125, 126] 进一步讨论了一阶微分方程系统和具有循环坐标的动力学系统的特征函数结构.

梅凤翔在专著[57]中对 Lie 对称性的逆问题给出了如下的提法：由已知道守恒量(第一积分)来寻求其相应的 Lie 对称性，系统的守恒量不一定有相应的 Lie 对称性，因此，逆问题可能有解，也可能无解. 具体在解 Lie 对称性逆问题时，是先利用 Noether 理论，由已知第一积分求出相应的 Noether 对称性，再由 Noether 对称性来求 Lie 对称性，给出了 Lie 对称性的逆问题的一个解法.

本文就非完整系统的特征函数构造[127]和 Birkhoff 系统的特征函数构造[128]分别进行了研究，对非完整系统我们是将非完整约束看作系统的一个特殊的第一积分，与已知的独立第一积分一起构成系统的完全的独立不变量集，进而求出系统的无限小对称变换；利用 Katzin 和 Levine[125]研究一阶微分方程系统的特征函数结构的方法，讨论了 Birkhoff 系统的特征函数构造. 研究表明：利用系统完全独立的第一积分集，通过求解辅助的对称变换函数，进而求得系统的无限小对称变换的方法，仅仅与系统的系统完全独立的第一积分集有关，而与具体的动力学系统无关.

对一个完整系统，Whittaker [98] 曾研究利用第一积分寻求变分方程的特解问题，并给出一个定理，定理指出：动力学系统的第一积分与变换系统到自身的接触变换，在本质上是一回事；任何一个第一积分都对应一个无限小变换. 1991 年，梅凤翔教授进一步研究了非完整系统的第一积分与其变分方程特解的联系[99]，推广了 Whittaker 定理，指出：在某些条件下，非完整系统的变分方程的特解也可以利用其第一积分来求出. 张毅[129, 130]分别研究了广义经典力学系统和约束 Birkhoff 系统的第一积分与变分方程特解的联系. 鉴于上述文献主要是利用动力学系统的第一积分求其等时变分方程的特解，我们在文献[100]中讨论了利用非完整系统的第一积分来求其非等时变分方程的特解，并进一步指出：这一方法给出了 Lie 对称性的逆问题的一个解法. 可以预言：我们在文献[100]中所给出的解非完整系统的 Lie 对称性的逆问题方法，完全可以被用来求其他动力学系统的 Lie 对称性与守恒量的逆问题.

1.4 离散力学系统对称性与守恒量理论研究的历史和现状

离散与连续是现实世界物质运动对立统一的两个方面. 离散模型和连续模型是描述、刻画和表达现实世界物质运动的两种有力工具，它们既可以相互通达，但又有各自的特点. 特别是在电子计算机技术蓬勃发展的今天，离散模型的理论自然变成了计算机、信息系统、工程控制、生态平衡、社会经济等科学技术的重要理论基础之一. 另一方面，随着近代科学技术的突飞猛进，对于控制理论学家、经济学家以及生物学家来说，常差分方程(描述离散时间系统)已经成为重要且有用的数学模型. 事实上，近年来由于医学、生物数学、现代物理等自然科学和边缘性学科的进一步发展，亦提出了许多由差分方程描述的具体数学模型. 再则，在微分方程的离散化方法的研究中也出现了许多差分方程，我们不能仅仅局限于对差分方程的迭代计算，而应该对连续系统离散方法的有效性、保结构性和计算的长期跟踪特性等进行分析[131]，然后再进行计算和数值分析，这样才能有的放矢.

正是由于这些原因，离散力学理论近年来受到高度的关注. 1970 年，Cadzow[132]在研究离散系统的优化问题时，提出了离散变分原理，给出了离散的 Euler-Lagrange 方程；1973 年，Logan[133]通过研究离散 Lagrangian 的不变性，得到了离散的 Euler-Lagrange 方程的第一积分，这个结果后来被人们称作离散版本的 Noether 定理，接着 Logan[134]又进一步研究了多个离散参数的离散变分问题，给出了多个离散参数的离散 Euler-Lagrange 方程和 Noether 定理；Maeda[135-139]在上世纪八十年代前后，较系统地研究过：Euclidean 位型空间中离散力学系统的对称性与线性不变量及平方不变量、离散系统正则结构与对称性、离散 Noether 定理的推广和差分概念与离散系统的 Lagrangian 形式；著名物理学家李政道教授在上世纪八十年代早期[140-142]首次提出将时间 t 视为一个动力学变量与空间变量 r 一起离散化，给出一个新的离散变分原理（差分变分原理），从这个新的离散变分原理出发，对保守系统，李不仅给出了离散系统的运动方程，而且给出了离散形式的能量守恒律，并用它分别讨论了经典力学、非相对论量子力学和相对论量子场论；Veselov 等在上世纪八十年代后期[143-145]也提出了离散变分原理，几乎与李提出的方法一样，所不同的是他们没有将时间 t 作为动力学变量离散化，所以他们的方法得不到离散的能量守恒形式；上面两个方法，由于没有定义离散的 Legendre 变换，所以只能处理离散的 Lagrange 力学. 几乎是在同一时间，Ruth[146]和冯康[147]提出了 Hamilton 力学的辛算法，在这个算法中，时间步长是固定的，它可以保持系统的辛结构，但一般来说它不能保持系统的离散形式的能量守恒，辛算法在计算数学、计算力学、计算物理以及许多其他科学领域都有着非常重要的应用. 由于能量的重要性，自从辛差分格式提出以来，人们一直企图寻找保能量的辛格式，但始终没有成功. 1988 年，冯康的博士生葛忠在他的博士论文[148]中首次证明了：不存在保能量的辛格式，后来发表与 Marsden 合写的论文[149]中，现被人们称为 Ge-Marsden 定理.

1997 年，Jaroszkiewicz 和 Norton[150-152]首先利用动力学系统的 Lagrangian 来构造一个新的动力学函数-系统函数，然后在离散变分原理中用系统函数代替 Lagrangian，建立了一个新的离散力学模型，并利用这个模型分别研究了经典粒子系统、经典场理论和量子场理论；1997 年，Wendlandt 和 Marsden[153]利用 Veselov 的离散变分原理导出完整系统的离散运动方程，并证明了该离散运动方程保持辛形式，在此基础上他们进一步构造了 Lagrange 形式的辛-动量力学积分子;1998 年,Marsden、Patrick 和 Shkoller[154]利用变分原理和多辛几何理论研究了非线性偏微分方程的多辛-动量积分子;1999 年,Kane、Marsden 和 Ortiz[155]等采用变时间步长构造了保守系统的辛-能量-动量积分子;2000 年,Kane、Marsden、Ortiz 和 West[156]证明了经典 Newmark 算法与变分算法是紧密相关的,并进一步构造了耗散系统的力学积分子;2001 年,Cortés 和 Martínez[157]引入离散 Lagrange-D'Alembert 原理,构造了非完整系统的积分子;2002 年,León 和 Diego[158]利用李的思想,基于离散的变分原理研究了含时 Lagrange 系统并构造了变分积分子;郭汉英和他的合作者遵循保结构准则[147](即在离散原来的连续系统时,我们应该尽可能多地保留原系统的固有性质,比如像辛结构和守恒量等)提出差分离散变分方法[159-167],这个方法不仅保留了李方法的优点(即保持离散形式的能量守恒),同时也具有 Veselov 方法的优点(即保持原系统的辛结构或多辛结构).同时这个方法不仅可以研究 Lagrange 形式的离散力学,也可以处理 Hamilton 形式的离散力学和离散的经典场理论,受到普遍的关注.这个方法的一个要点是:将差分(无论是固定步长的差分还是变步长的差分)视作一个几何对象,它与连续情况中的导数有着相似的性质.

1.5 研究内容的概述

本文基于对称性和守恒量的研究基础,就 Hojman 定理的推广,Hojman 定理与 Lutzky 定理的关系;动力学系统的第一积分与其对称变换的特征函数结构以及第一积分与其变分方程的特解的关系;离散动力学系统的对称性和离散第一积分等方面作了些讨论,得到了一些有意义的结果.

第一章,绪论:综述了动力学系统的对称性和守恒量的研究的历史和现状,较系统地回顾了国际和国内科学工作者在这领域的研究历程,提出了本文研究的安排.

第二章,Hojman 定理与 Lutzky 定理的统一形式:首先,对

Birkhoff 动力学系统,引入一般意义下的 Lie 对称变换(即构形变量 a^{μ} 和时间变量 t 同时变换),给出 Lie 对称变换的确定方程,构造了 Birkhoff 系统的 Hojman 守恒量;接着,讨论了非完整系统的 Lie 对称性问题,并利用系统的 Lie 对称生成元构造了非完整系统的 Hojman 守恒量;研究了 Hojman 定理与 Lutzky 定理的关系,并且给出了一个新形式的守恒律,而 Hojman 定理与 Lutzky 定理分别是这个新形式的守恒律的在两个特殊情况下的结果,提出一个排除平凡 Hojman 守恒量的定理;最后,讨论了 Hamilton 系统的梅对称性与 Lie 对称性的关系,给出了由梅对称性求 Hojman 守恒量的方法.

第三章,动力学系统 Lie 对称性与守恒量逆问题:研究动力学系统的 Lie 对称性与第一积分的逆问题,即利用第一积分来求系统的 Lie 对称性,主要是将 Katzin 和 Levine 在研究二阶微分方程含速度的无限小对称变换的特征函数结构时的方法作适当的推广,用来讨论受到一阶非完整约束的动力学系统的含速度的无限小对称变换的特征函数结构,并且进一步研究了 Birkhoff 系统的无限小对称变换的特征函数结构,最后,研究了非完整系统非等时变分方程的特解与其第一积分的联系,给出求非完整系统 Lie 对称逆问题的一个方法.

第四章,位型空间中离散力学的对称性与第一积分:首先,在位型空间中将完整系统的离散变分原理推广到非保守系统,给出其离散运动方程,并研究其对称性和第一积分;接着,讨论了非完整系统的离散变分原理、离散对称性和离散第一积分;最后,将位型空间中 Lagrange 形式的离散变分原理推广 Hamilton 形式,给出 Hamilton 形式的离散变分原理、Hamilton 形式的离散运动方程、Hamilton 形式的离散对称性和第一积分.

第五章,事件空间中离散力学的对称性与离散第一积分:首先将位型空间中的离散变分原理推广到事件空间中,给出事件空间中的完整保守系统的离散变分原理、离散运动方程、离散对称性和离散第一积分,此时不仅可以得到系统的离散"动量"积分,还可以得到系统的离散"能量"积分. 接着,回顾了在连续情况下 Birkhoff 系统的变分原理,给出了在事件空间(扩展的位型空间)Birkhoff 系统的离散变分原理和离散的运动方程,进一步讨论了其离散对称性和离散第一积分.

第六章,总结与展望,说明本文所得到的主要结果以及未来研究的一些想法.

第二章 Hojman 定理和 Lutzky 定理的统一形式

2.1 引言

较长一段时间以来，动力学系统的对称性问题一直是现代数学、物理和力学中的重要课题，吸引着许多研究者的关注．动力学系统若存在某种对称性则意味着系统具有与该对称性相关的某种性质，此外，由于动力学系统的对称性与不变量（第一积分）紧密相关，所以对称性理论也是积分运动方程的一个有力工具．寻找动力学系统的不变量的现代方法主要是：利用 Noether 对称性、Lie 对称性和梅对称．Noether 对称性是 Hamilton 作用量在无限小连续变换群作用下具有的不变性[5]，Noether 定理指出每一个 Noether 对称性都给出一个不变量．梅的形式不变性是指系统运动的微分方程中的动力学函数，比如 Lagrange 函数、非势广义力、广义约束反力和约束方程等在无限小连续变换群作用下具有不变性[84-88]，利用梅的形式不变性可以直接构造一个新形式的守恒量[89]．Lie 对称性则是指系统运动的微分方程在无限小连续变换群作用下具有不变性或将其方程的一个解映射为另一个解，1979 年，Lutzky 应用 Lie 理论研究力学系统的对称性问题，且得到了系统的守恒量，然而 Lutzky 所获得的守恒量仅是 Noether 型的[61]．

关于非 Noether 对称性和守恒量的研究起源于上世纪六十年代，1966 年，Currie 和 Saletan[103] 曾研究了单自由度力学系统的等价 Lagrange 函数问题，并指出在此情形下存在守恒量；后来，Hojman 和 Harleston[104, 105] 将此结果推广到了一般的多自由度系统，发现了一些新的结果，并称此对称性为 Lagrange 对称性. Lutzky 在文献[81, 106, 107]研究了非 Noether 对称性(是指无限小变换群是系统微分方程的对称群，而不是系统的作用量对称群)和不变量问题. 1979年，Prince[82]提出一个通过求对称矢量场的一阶扩展的不变量来得到系统的不变量的程序，此方法也只要求出系统微分方程的 Lie 对称性生成元即可. Crampin[108]、José 和 Luis[109]给出了非 Noether 对称性和不变量的微分几何形式.

1992 年，Hojman[83]提出一个新形式的守恒量，其守恒量的构造既不用 Lagrangian 也不用 Hamiltonian，而仅仅基于 Lie 对称的生成元. 后来，这个直接利用系统的 Lie 对称的生成元构造守恒量的方法被 González-Gascón[110]利用几何理论进行了推广，Lutzky[111]应用这个直接方法研究了 Lagrange 系统的 Hojman 不变量. 虽然 Pillay 和 Leach[112]曾证明：如果这个生成元不仅是 Lie 对称的，而且又是 Noether 对称的，则这个 Hojman 不变量是平凡的. 但是利用这个直接方法寻找动力学系统的非 Noether 守恒量仍是一件有意义的课题.

自从文献[113]讨论了 Hojman 守恒量后，我国学者对这一课题的研究取得了很大的进展，张毅[114]将这个直接方法推广至 Birkhoff 系统，梅凤翔[115, 116]分别研究了相空间运动微分方程的非 Noether 守恒量和广义 Hamilton 系统的非 Noether 守恒量. 罗绍凯等[117]讨论了非完整系统的非 Noether 守恒量. 傅景礼和陈立群[118-120]分别研究了约束动力学系统、非保守系统和机电系统的非 Noether 对称性和守恒量.

鉴于 Hojman 定理以及后来的各种推广，都是利用特殊的 Lie 变换群(即仅广义坐标变分 $\Delta q_s \neq 0$，而时间变分 $\Delta t = 0$). 研究由时间和广义坐标都变化的一般意义 Lie 变换群来构造 Hojman 守恒量显然更有意义. 本章将就这一命题作如下研究，首先利用一般意义下的 Lie 对称性变换，讨论了非完整系统的 Hojman 守恒量；接着研究了利用一般意义下 Lie 对称性变换的无限小生成元构造 Birkhoff 系统的 Hojman 守恒量；在第四节，给出了一个新形式的守恒量，将 Hojman

守恒量和 Lutzky 守恒量统一起来；最后，我们研究了 Hamilton 系统的梅对称性与 Hojman 守恒量.

2.2 非完整系统的 Lie 对称性和非 Noether 守恒量

2.2.1 引言

在我们的日常生活和工程实际中存在许多非完整系统，例如：Chaplygin-Caratheodory 雪橇(Neimark 和 Fufaev 1967)[168]，在一个粗糙的平面上滚动球，四车小轮(Lur'e, 1961)[169]，带有三个轮子的桌子（Wittenburg 1977）[170]，两个自由度的滚动机器人(Ostrovskaka and Angeles 1998)[171]，和 Appell-Hamel 问题(Appell 1889, Hamel 1949)[172, 173] 等等. 1992 年，Hojman 给出了由 Lagrange 系统的 Lie 对称性找守恒量的一个直接方法[83]，罗绍凯等[117]将这一直接方法推广到非完整系统. 鉴于以上的直接方法都是利用时间不变的无限小变换下的 Lie 对称性来构造 Hojman 守恒量的，在这一节，我们将利用更一般的 Lie 变换群(不仅广义坐标变分 $\Delta q_s \neq 0$，而且时间变分 $\Delta t \neq 0$) 来研究非完整系统的 Lie 对称性和 Hojman 守恒量.

2.2.2 非完整系统的运动方程

考虑一个力学系统，它的位型由 n 个广义坐标 $q_s(s = 1, 2, \cdots, n)$ 确定，其运动受到 g 个非线性非完整 Chetaev 型理想约束

$$f_\beta(\dot{\boldsymbol{q}}, \boldsymbol{q}, t) = 0 \quad (\beta = 1, 2, \cdots, g). \tag{2.2.1}$$

运动方程可以被写成下面的形式[174](下面引用 Einstein 的求和约定：重复脚标表示求和)

$$\frac{\mathrm{d}}{\mathrm{d}t}\frac{\partial L}{\partial \dot{q}_s} - \frac{\partial L}{\partial q_s} - Q''_s - \lambda_\beta \frac{\partial f_\beta}{\partial \dot{q}_s} = 0$$
$$(\beta = 1, 2, \cdots, g;\ s = 1, 2, \cdots, n). \tag{2.2.2}$$

其中 L 是 Lagrange 函数，Q''_s 是非保守广义力，λ_β 是约束乘子.

在某些条件下，方程(2.2.2)可以被当作完整系统，其中方程(2.2.1)被当作方程(2.2.2)的特殊的第一积分. 在积分运动方程之前，可以首先求出约束乘子 λ_β 作为变量 t，$\boldsymbol{q}$ 和 $\dot{\boldsymbol{q}}$ 的显函数[174]. 这样方程(2.2.2)可以被重写成

$$\frac{\mathrm{d}}{\mathrm{d}t}\frac{\partial L}{\partial \dot{q}_s}-\frac{\partial L}{\partial q_s}-Q''_s-\Lambda_s=0 \quad (s=1, 2, \cdots, n). \qquad (2.2.3)$$

其中

$$\Lambda_s=\Lambda_s(\dot{\boldsymbol{q}}, \boldsymbol{q}, t)=\lambda_\beta\frac{\partial f_\beta}{\partial \dot{q}_s}$$
$$(\beta=1, 2, \cdots, g;\ s=1, 2, \cdots, n). \qquad (2.2.4)$$

假若

$$\det\left(\frac{\partial^2 L}{\partial \dot{q}_s \partial \dot{q}_k}\right)\neq 0 \quad (s, k=1, 2, \cdots, n). \qquad (2.2.5)$$

从方程(2.2.3)我们可以解出所有的广义加速度

$$\ddot{q}_s=\alpha_s(\dot{\boldsymbol{q}}, \boldsymbol{q}, t) \quad (s=1, 2, \cdots, n). \qquad (2.2.6)$$

2.2.3 无限小变换和确定方程

我们引入包含时间 t，广义坐标 $\boldsymbol{q}$ 和广义速度 $\dot{\boldsymbol{q}}$ 的无限小变换

$$t^*=t+\varepsilon\tau(t, \boldsymbol{q}, \dot{\boldsymbol{q}}), \qquad (2.2.7a)$$

$$q_s^*(t^*)=q_s(t)+\varepsilon\xi_s(t, \boldsymbol{q}, \dot{\boldsymbol{q}}),$$
$$(s=1, 2, \cdots, n), \qquad (2.2.7b)$$

其中 ε 是一个无限小参数，$\tau(t, \boldsymbol{q}, \dot{\boldsymbol{q}})$ 和 $\xi_s(t, \boldsymbol{q}, \dot{\boldsymbol{q}})$ 是无限小生成元.

方程(2.2.6)在无限小变换(2.2.7)下的不变性，将导致下面的确定方程

$$\frac{\bar{\mathrm{d}}}{\mathrm{d}t}\left(\frac{\bar{\mathrm{d}}\xi_s}{\mathrm{d}t}\right)-2\alpha_s\frac{\bar{\mathrm{d}}\tau}{\mathrm{d}t}-\dot{q}_s\frac{\bar{\mathrm{d}}}{\mathrm{d}t}\left(\frac{\bar{\mathrm{d}}\tau}{\mathrm{d}t}\right)$$
$$=\tau\frac{\partial\alpha_s}{\partial t}+\xi_k\frac{\partial\alpha_s}{\partial q_k}+\left(\frac{\bar{\mathrm{d}}\xi_k}{\mathrm{d}t}-\dot{q}_k\frac{\bar{\mathrm{d}}\tau}{\mathrm{d}t}\right)\frac{\partial\alpha_s}{\partial\dot{q}_k}$$
$$(s,\ k=1,\ 2,\ \cdots,\ n). \tag{2.2.8}$$

方程(2.2.1)在无限小变换(2.2.7)下的不变性,将导致下面的限制方程

$$\tau\frac{\partial f_\beta}{\partial t}+\xi_k\frac{\partial f_\beta}{\partial q_k}+\left(\frac{\bar{\mathrm{d}}\xi_k}{\mathrm{d}t}-\dot{q}_k\frac{\bar{\mathrm{d}}\tau}{\mathrm{d}t}\right)\frac{\partial f_\beta}{\partial\dot{q}_k}=0$$
$$(k=1,\ 2,\ \cdots,\ n;\ \beta=1,\ 2,\ \cdots,\ g). \tag{2.2.9}$$

其中

$$\frac{\bar{\mathrm{d}}}{\mathrm{d}t}=\frac{\partial}{\partial t}+\dot{q}_s\frac{\partial}{\partial q_s}+\alpha_s\frac{\partial}{\partial\dot{q}_s}\quad(s=1,\ 2,\ \cdots,\ n). \tag{2.2.10}$$

如果无限小生成元τ和ξ_s满足方程(2.2.8)和(2.2.9),则对应的无限小变换被称为非完整系统(2.2.1)、(2.2.2)的 Lie 对称变换.

2.2.4 非完整系统的 Hojman 守恒量

对非完整系统,利用 Lie 对称性生成元直接求守恒量,我们可以借鉴 Hojman 的做法,提出下面的构造 Hojman 守恒量的命题:

命题 对非完整系统(2.2.1)、(2.2.2),如果无限小变换的生成元$\tau(t,\ \boldsymbol{q},\ \dot{\boldsymbol{q}})$和$\xi_s(t,\ \boldsymbol{q},\ \dot{\boldsymbol{q}})$满足方程(2.2.8)和(2.2.9)且存在函数$\mu=\mu(t,\ \boldsymbol{q},\ \dot{\boldsymbol{q}})$满足下面的方程

$$\frac{\partial\alpha_s}{\partial\dot{q}_s}+\frac{\bar{\mathrm{d}}}{\mathrm{d}t}\ln\mu=0\quad(s=1,\ 2,\ \cdots,\ n). \tag{2.2.11}$$

则系统具有下面的守恒量:

$$I=\frac{1}{\mu}\frac{\partial(\mu\tau)}{\partial t}+\frac{1}{\mu}\frac{\partial(\mu\xi_s)}{\partial q_s}+\frac{1}{\mu}\frac{\partial}{\partial\dot{q}_s}\left[\mu\left(\frac{\bar{\mathrm{d}}\xi_s}{\mathrm{d}t}-\dot{q}_s\frac{\bar{\mathrm{d}}\tau}{\mathrm{d}t}\right)\right]-\frac{\bar{\mathrm{d}}\tau}{\mathrm{d}t}$$

$$(s=1,2,\cdots,n).\qquad(2.2.12)$$

证明 由方程(2.2.12),我们有

$$\frac{\bar{\mathrm{d}}I}{\mathrm{d}t}=\frac{\bar{\mathrm{d}}}{\mathrm{d}t}\left(\frac{1}{\mu}\frac{\partial\mu}{\partial t}\tau\right)+\frac{\bar{\mathrm{d}}}{\mathrm{d}t}\frac{\partial\tau}{\partial t}+\frac{\bar{\mathrm{d}}}{\mathrm{d}t}\left(\frac{1}{\mu}\frac{\partial\mu}{\partial q_s}\xi_s\right)+\frac{\bar{\mathrm{d}}}{\mathrm{d}t}\frac{\partial\xi_s}{\partial q_s}+$$
$$\frac{\bar{\mathrm{d}}}{\mathrm{d}t}\left[\frac{1}{\mu}\frac{\partial\mu}{\partial\dot{q}_s}\left(\frac{\bar{\mathrm{d}}\xi_s}{\mathrm{d}t}-\dot{q}_s\frac{\bar{\mathrm{d}}\tau}{\mathrm{d}t}\right)\right]+\frac{\bar{\mathrm{d}}}{\mathrm{d}t}\frac{\partial}{\partial\dot{q}_s}\left(\frac{\bar{\mathrm{d}}\xi_s}{\mathrm{d}t}-\dot{q}_s\frac{\bar{\mathrm{d}}\tau}{\mathrm{d}t}\right)-$$
$$\frac{\bar{\mathrm{d}}}{\mathrm{d}t}\left(\frac{\bar{\mathrm{d}}\tau}{\mathrm{d}t}\right)\quad(s=1,2,\cdots,n).\qquad(2.2.13)$$

利用下面的等式[83]

$$\frac{\bar{\mathrm{d}}}{\mathrm{d}t}\frac{\partial\tau}{\partial t}=\frac{\partial}{\partial t}\frac{\bar{\mathrm{d}}\tau}{\mathrm{d}t}-\frac{\partial\alpha_k}{\partial t}\frac{\partial\tau}{\partial\dot{q}_k},\qquad(2.2.14\mathrm{a})$$

$$\frac{\bar{\mathrm{d}}}{\mathrm{d}t}\frac{\partial\xi_s}{\partial q_s}=\frac{\partial}{\partial q_s}\frac{\bar{\mathrm{d}}\xi_s}{\mathrm{d}t}-\frac{\partial\alpha_k}{\partial q_s}\frac{\partial\xi_s}{\partial\dot{q}_k},\qquad(2.2.14\mathrm{b})$$

$$\frac{\bar{\mathrm{d}}}{\mathrm{d}t}\frac{\partial}{\partial\dot{q}_s}\left(\frac{\bar{\mathrm{d}}\xi_s}{\mathrm{d}t}-\dot{q}_s\frac{\bar{\mathrm{d}}\tau}{\mathrm{d}t}\right)$$
$$=\frac{\partial}{\partial\dot{q}_s}\frac{\bar{\mathrm{d}}}{\mathrm{d}t}\left(\frac{\bar{\mathrm{d}}\xi_s}{\mathrm{d}t}-\dot{q}_s\frac{\bar{\mathrm{d}}\tau}{\mathrm{d}t}\right)-\frac{\partial}{\partial q_s}\left(\frac{\bar{\mathrm{d}}\xi_s}{\mathrm{d}t}-\dot{q}_s\frac{\bar{\mathrm{d}}\tau}{\mathrm{d}t}\right)-$$
$$\frac{\partial\alpha_k}{\partial\dot{q}_s}\frac{\partial}{\partial\dot{q}_k}\left(\frac{\bar{\mathrm{d}}\xi_s}{\mathrm{d}t}-\dot{q}_s\frac{\bar{\mathrm{d}}\tau}{\mathrm{d}t}\right)\quad(s=1,2,\cdots,n).\qquad(2.2.14\mathrm{c})$$

将方程(2.2.14)代入方程(2.2.13)并利用方程(2.2.8),我们有

$$\frac{\bar{\mathrm{d}}I}{\mathrm{d}t}=\frac{\bar{\mathrm{d}}}{\mathrm{d}t}\left(\frac{1}{\mu}\frac{\partial\mu}{\partial t}\tau\right)+\frac{\bar{\mathrm{d}}}{\mathrm{d}t}\left(\frac{1}{\mu}\frac{\partial\mu}{\partial q_s}\xi_s\right)+\frac{\bar{\mathrm{d}}}{\mathrm{d}t}\left[\frac{1}{\mu}\frac{\partial\mu}{\partial\dot{q}_s}\left(\frac{\bar{\mathrm{d}}}{\mathrm{d}t}\xi_s-\dot{q}_s\frac{\bar{\mathrm{d}}\tau}{\mathrm{d}t}\right)\right]+$$

$$\frac{\partial\alpha_s}{\partial\dot{q}_s}\frac{\bar{\mathrm{d}}\tau}{\mathrm{d}t}+\frac{\partial^2\alpha_s}{\partial\dot{q}_s\partial t}\tau+\frac{\partial^2\alpha_s}{\partial\dot{q}_s\partial q_k}\xi_k+\frac{\partial^2\alpha_s}{\partial\dot{q}_s\partial\dot{q}_k}\left(\frac{\bar{\mathrm{d}}}{\mathrm{d}t}\xi_k-\dot{q}_k\frac{\bar{\mathrm{d}}\tau}{\mathrm{d}t}\right)$$

$$(s=1,2,\cdots,n).\tag{2.2.15}$$

再将方程(2.2.11)分别对 t、q_k 和 $\dot{q}_k$ 求偏导数,并将其结果代入方程(2.2.15),考虑到方程(2.2.8)和(2.2.11),我们有

$$\frac{\bar{\mathrm{d}}I}{\mathrm{d}t}=0.\tag{2.2.16}$$

利用上面的定理,很容易得出下面的推论:

推论 对非完整系统(2.2.1)、(2.2.2),如果无限小变换的生成元 $\tau=0$,且 ξ_s 满足下面的方程(2.2.17)和(2.2.18)

$$\frac{\bar{\mathrm{d}}}{\mathrm{d}t}\left(\frac{\bar{\mathrm{d}}}{\mathrm{d}t}\xi_s\right)-\frac{\partial\alpha_s}{\partial q_k}\xi_k-\frac{\partial\alpha_s}{\partial\dot{q}_k}\frac{\bar{\mathrm{d}}}{\mathrm{d}t}\xi_k=0$$

$$(s,k=1,2,\cdots,n).\tag{2.2.17}$$

$$\xi_k\frac{\partial f_\beta}{\partial q_k}+\frac{\bar{\mathrm{d}}}{\mathrm{d}t}\xi_k\frac{\partial f_\beta}{\partial\dot{q}_k}=0.$$

$$(k=1,2,\cdots,n;\ \beta=1,2,\cdots,g).\tag{2.2.18}$$

函数 $\mu=\mu(t,\boldsymbol{q},\dot{\boldsymbol{q}})$ 满足方程(2.2.11),则系统具有下面的守恒量:

$$I=\frac{1}{\mu}\frac{\partial(\mu\xi_s)}{\partial q_s}+\frac{1}{\mu}\frac{\partial}{\partial\dot{q}_s}\left(\mu\frac{\bar{\mathrm{d}}\xi_s}{\mathrm{d}t}\right)$$

$$(s=1,2,\cdots,n).\tag{2.2.19}$$

此即文献[117]的结论.

2.2.5 例子

考虑 Appell-Hamel 问题，其系统的 Lagrange 为

$$L = \frac{1}{2}m(\dot{q}_1^2 + \dot{q}_2^2 + \dot{q}_3^2) - mgq_3, \tag{2.2.20}$$

系统所受到的约束方程为

$$f = \dot{q}_1^2 + \dot{q}_2^2 - \dot{q}_3^2 = 0. \tag{2.2.21}$$

下面我们利用上面得到的结果来研究该系统的非 Noether 守恒量.

由方程(2.2.2)，我们可以得到如下的系统运动微分方程

$$m\ddot{q}_1 = 2\lambda\dot{q}_1, \tag{2.2.22}$$

$$m\ddot{q}_2 = 2\lambda\dot{q}_2, \tag{2.2.23}$$

$$m\ddot{q}_3 = -mg - 2\lambda\dot{q}_3. \tag{2.2.24}$$

利用方程(2.2.21)～(2.2.24)，我们可以求出

$$\lambda = -\frac{mg}{4\dot{q}_3}. \tag{2.2.25}$$

因此，我们有

$$\ddot{q}_1 = -\frac{g\dot{q}_1}{2\dot{q}_3}, \tag{2.2.26}$$

$$\ddot{q}_2 = -\frac{g\dot{q}_2}{2\dot{q}_3}, \tag{2.2.27}$$

$$\ddot{q}_3 = -\frac{g}{2}, \tag{2.2.28}$$

首先，我们来求系统的 Lie 对称性，利用确定方程(2.2.8)，我们得到生成元满足下面的方程

$$\frac{\bar{\mathrm{d}}}{\mathrm{d}t}\left(\frac{\bar{\mathrm{d}}\xi_1}{\mathrm{d}t}\right)+g\frac{\dot{q}_1}{\dot{q}_3}\frac{\bar{\mathrm{d}}\tau}{\mathrm{d}t}-\dot{q}_1\frac{\bar{\mathrm{d}}}{\mathrm{d}t}\left(\frac{\bar{\mathrm{d}}\tau}{\mathrm{d}t}\right)$$

$$=\left(\frac{\bar{\mathrm{d}}\xi_1}{\mathrm{d}t}-\dot{q}_1\frac{\bar{\mathrm{d}}\tau}{\mathrm{d}t}\right)\left(-\frac{g}{2\dot{q}_3}\right)+\left(\frac{\bar{\mathrm{d}}\xi_3}{\mathrm{d}t}-\dot{q}_3\frac{\bar{\mathrm{d}}\tau}{\mathrm{d}t}\right)\left(\frac{g\dot{q}_1}{2\dot{q}_3^2}\right), \tag{2.2.29}$$

$$\frac{\bar{\mathrm{d}}}{\mathrm{d}t}\left(\frac{\bar{\mathrm{d}}\xi_2}{\mathrm{d}t}\right)+g\frac{\dot{q}_2}{\dot{q}_3}\frac{\bar{\mathrm{d}}\tau}{\mathrm{d}t}-\dot{q}_2\frac{\bar{\mathrm{d}}}{\mathrm{d}t}\left(\frac{\bar{\mathrm{d}}\tau}{\mathrm{d}t}\right)$$

$$=\left(\frac{\bar{\mathrm{d}}\xi_2}{\mathrm{d}t}-\dot{q}_2\frac{\bar{\mathrm{d}}\tau}{\mathrm{d}t}\right)\left(-\frac{g}{2\dot{q}_3}\right)+\left(\frac{\bar{\mathrm{d}}\xi_3}{\mathrm{d}t}-\dot{q}_3\frac{\bar{\mathrm{d}}\tau}{\mathrm{d}t}\right)\left(\frac{g\dot{q}_2}{2\dot{q}_3^2}\right), \tag{2.2.30}$$

$$\frac{\bar{\mathrm{d}}}{\mathrm{d}t}\left(\frac{\bar{\mathrm{d}}\xi_3}{\mathrm{d}t}\right)+g\frac{\bar{\mathrm{d}}\tau}{\mathrm{d}t}-\dot{q}_3\frac{\bar{\mathrm{d}}}{\mathrm{d}t}\left(\frac{\bar{\mathrm{d}}\tau}{\mathrm{d}t}\right)=0, \tag{2.2.31}$$

限制条件(2.2.9)要求生成元还必须满足如下的方程

$$(\dot{\xi}_1-\dot{q}_1\dot{\tau})\dot{q}_1+(\dot{\xi}_2-\dot{q}_2\dot{\tau})\dot{q}_2-(\dot{\xi}_3-\dot{q}_3\dot{\tau})\dot{q}_3=0. \tag{2.2.32}$$

方程(2.2.29)～(2.2.31)有解

$$\tau=\left(m\dot{q}_3+\frac{1}{2}mgt\right)^2,\ \xi_1=0,\ \xi_2=0,\ \xi_3=0. \tag{2.2.33}$$

很容易验证解(2.2.33)满足方程(2.2.32). 因此,方程(2.2.33)给出非完整系统(2.2.20)和(2.2.21)的一组 Lie 对称生成元.

其次,根据(2.2.11)式,我们有

$$-\frac{g}{2\dot{q}_3}-\frac{g}{2\dot{q}_3}+\frac{1}{\mu}\left(\frac{\partial\mu}{\partial t}+\dot{q}_1\frac{\partial\mu}{\partial q_1}+\dot{q}_2\frac{\partial\mu}{\partial q_2}+\dot{q}_3\frac{\partial\mu}{\partial q_3}+\alpha_1\frac{\partial\mu}{\partial\dot{q}_1}+\alpha_2\frac{\partial\mu}{\partial\dot{q}_2}+\alpha_3\frac{\partial\mu}{\partial\dot{q}_3}\right)=0. \tag{2.2.34}$$

很明显,方程(2.2.34)存在一个解

$$\mu = \frac{1}{\dot{q}_3^2}. \tag{2.2.35}$$

将(2.2.33)和(2.2.35)式代入(2.2.12)式,可得下面的守恒量

$$I = m\dot{q}_3 + \frac{1}{2}mgt = \text{const}. \tag{2.2.36}$$

而由 Noether 逆定理[57]可知,守恒量(2.2.36)对应的 Noether 对称性的无限小生成元是

$$\tau = 0,\ \xi_1 = 0,\ \xi_2 = 0,\ \xi_3 = 1. \tag{2.2.37}$$

因此,守恒量(2.2.36)是一个非 Noether 守恒量.

2.2.6 结论

利用非完整系统在一般意义下的 Lie 对称性生成元 $\tau(t, \boldsymbol{q}, \dot{\boldsymbol{q}})$ 和 $\xi_s(t, \boldsymbol{q}, \dot{\boldsymbol{q}})$ (即时间 t 和广义坐标 q_s 都变分)来构造非完整系统的 Hojman 守恒量,将 Hojman 守恒量推广到非完整系统,得到一个比文献[117]更一般的守恒量表达式,文献[117]的结果可作为其特例.

2.3 Birkhoff 系统的 Lie 对称性和非 Noether 守恒量

2.3.1 引言

由 Birkhoff 方程描述的系统称为 Birkhoff 系统,Birkhoff 方程比 Hamilton 方程更为一般. 文献[178]指出:所有的完整约束系统和所有的非完整约束系统都可以被表述成 Birkhoff 系统,因此,Birkhoff 系统是一类更一般的约束力学系统.

1992 年,Hojman 给出了由 Lagrange 系统的 Lie 对称性找守恒量的一个直接方法[83]. 张毅[114]将这一直接方法推广到 Birkhoff 系统,鉴于以上的直接方法都是直接利用时间不变的无限小变换下的 Lie 对称性来求 Hojman 守恒量. 本节将利用 Birkhoff 系统在一般意

义下的 Lie 对称性生成元 $\tau(t, a^{\mu})$ 和 $\xi_{\mu}(t, a^{\mu})$ 来构造 Birkhoff 系统的 Hojman 守恒量.

2.3.2 Birkhoff 系统的运动方程

Birkhoff 系统的运动微分方程的一般形式为

$$\left(\frac{\partial R_{\nu}}{\partial a^{\mu}}-\frac{\partial R_{\mu}}{\partial a^{\nu}}\right)\dot{a}^{\nu}-\frac{\partial B}{\partial a^{\mu}}-\frac{\partial R_{\mu}}{\partial t}=0 \quad (\mu, \nu=1, 2, \cdots, 2n), \tag{2.3.1}$$

其中 $B=B(t, \boldsymbol{a})$ 称为 Birkhoff 函数，$R_{\mu}=R_{\mu}(t, \boldsymbol{a})$ 称为 Birkhoff 函数组. 设的变量 $a^{\mu}(\mu=1, 2, \cdots, 2n)$ 彼此独立. 而

$$\Omega_{\mu\nu}=\frac{\partial R_{\nu}}{\partial a^{\mu}}-\frac{\partial R_{\mu}}{\partial a^{\nu}} \quad (\mu, \nu=1, 2, \cdots, 2n), \tag{2.3.2}$$

被称作 Birkhoff 张量. 用 Birkhoff 方程(2.3.1)描述运动的力学系统称为 Birkhoff 系统.

假设系统(2.3.1)非奇异,即设

$$\det(\Omega_{\mu\nu})\neq 0 \quad (\mu, \nu=1, 2, \cdots, 2n), \tag{2.3.3}$$

则由方程(2.3.1)可解出所有 $\dot{a}^{\mu}$，有

$$\dot{a}^{\mu}=\Omega^{\mu\nu}\left(\frac{\partial B}{\partial a^{\nu}}+\frac{\partial R_{\nu}}{\partial t}\right) \quad (\mu, \nu=1, 2, \cdots, 2n), \tag{2.3.4}$$

其中

$$\Omega^{\mu\nu}\Omega_{\nu\tau}=\delta_{\mu\tau} \quad (\mu, \nu, \tau=1, 2, \cdots, 2n), \tag{2.3.5}$$

展开方程(2.3.4),有

$$\dot{a}^{\mu}=h_{\mu}(t, \boldsymbol{a}) \quad (\mu=1, 2, \cdots, 2n). \tag{2.3.6}$$

2.3.3 无限小变换与确定方程

引入无限小变换

$$t^{*}=t+\varepsilon\tau(t,\ \boldsymbol{a}),\tag{2.3.7a}$$

$$a^{\mu *}(t^{*})=a^{\mu}(t)+\varepsilon\xi_{\mu}(t,\ \boldsymbol{a}),$$
$$(\mu=1,\ 2,\ \cdots,\ 2n)\tag{2.3.7b}$$

其中 ε 为一无限小参数, $\tau(t,\ \boldsymbol{a})$, $\xi_{\mu}(t,\ \boldsymbol{a})$ 为无限小生成元. 方程(2.3.6)在无限小变换下的不变性归为如下确定方程:

$$\frac{\bar{\mathrm{d}}}{\mathrm{d}t}\xi_{\mu}-\dot{a}^{\mu}\frac{\bar{\mathrm{d}}}{\mathrm{d}t}\tau=\tau\frac{\partial h_{\mu}}{\partial t}+\xi_{\nu}\frac{\partial h_{\mu}}{\partial a^{\nu}}$$
$$(\mu,\ \nu=1,\ 2,\ \cdots,\ 2n),\tag{2.3.8}$$

其中

$$\frac{\bar{\mathrm{d}}}{\mathrm{d}t}=\frac{\partial}{\partial t}+h_{\mu}\frac{\partial}{\partial a^{\mu}}\quad(\mu=1,\ 2,\ \cdots,\ 2n).\tag{2.3.9}$$

2.3.4 Birkhoff 系统的 Hojman 守恒量

利用 Birkhoff 系统的 Lie 对称性生成元构造守恒量,我们可以提出下面的命题:

命题 如果生成元 $\tau(t,\ \boldsymbol{a})$, $\xi_{\mu}(t,\ \boldsymbol{a})$ 满足方程(2.3.8), 且存在函数 $\lambda=\lambda(t,\ \boldsymbol{a})$, 使得

$$\frac{\partial h_{\mu}}{\partial a^{\mu}}+\frac{\bar{\mathrm{d}}}{\mathrm{d}t}\ln\lambda=0\quad(\mu=1,\ 2,\ \cdots,\ 2n),\tag{2.3.10}$$

则系统(2.3.1)有如下守恒量

$$I=\frac{1}{\lambda}\frac{\partial(\lambda\tau)}{\partial t}+\frac{1}{\lambda}\frac{\partial(\lambda\xi_{\mu})}{\partial a^{\mu}}-\frac{\bar{\mathrm{d}}\tau}{\mathrm{d}t}\quad(\mu=1,\ 2,\ \cdots,\ 2n).\tag{2.3.11}$$

证明 由(2.3.11)式,我们有

$$\frac{\bar{\mathrm{d}}I}{\mathrm{d}t}=\frac{\bar{\mathrm{d}}}{\mathrm{d}t}\left(\frac{1}{\lambda}\frac{\partial\lambda}{\partial t}\tau\right)+\frac{\bar{\mathrm{d}}}{\mathrm{d}t}\frac{\partial\tau}{\partial t}+\frac{\bar{\mathrm{d}}}{\mathrm{d}t}\left(\frac{1}{\lambda}\frac{\partial\lambda}{\partial a^{\mu}}\xi_{\mu}\right)+\frac{\bar{\mathrm{d}}}{\mathrm{d}t}\frac{\partial\xi_{\mu}}{\partial a^{\mu}}-\frac{\bar{\mathrm{d}}}{\mathrm{d}t}\frac{\bar{\mathrm{d}}\tau}{\mathrm{d}t},\tag{2.3.12}$$

直接计算很容易证明下面两个关系

$$\frac{\bar{\mathrm{d}}}{\mathrm{d}t}\frac{\partial\tau}{\partial t}=\frac{\partial}{\partial t}\frac{\bar{\mathrm{d}}\tau}{\mathrm{d}t}-\frac{\partial h_{\mu}}{\partial t}\frac{\partial\tau}{\partial a^{\mu}}\quad(\mu=1,2,\cdots,2n),\tag{2.3.13a}$$

$$\frac{\bar{\mathrm{d}}}{\mathrm{d}t}\frac{\partial\xi_{\mu}}{\partial a^{\mu}}=\frac{\partial}{\partial a^{\mu}}\frac{\bar{\mathrm{d}}}{\mathrm{d}t}\xi_{\mu}-\frac{\partial h_{\mu}}{\partial a^{\nu}}\frac{\partial\xi_{\nu}}{\partial a^{\mu}}\quad(\mu,\nu=1,2,\cdots,2n),\tag{2.3.13b}$$

将(2.3.13)式代入(2.3.12)式并利用方程(2.3.8),得

$$\frac{\bar{\mathrm{d}}I}{\mathrm{d}t}=\frac{\bar{\mathrm{d}}}{\mathrm{d}t}\left(\frac{1}{\lambda}\frac{\partial\lambda}{\partial t}\tau\right)+\frac{\bar{\mathrm{d}}}{\mathrm{d}t}\left(\frac{1}{\lambda}\frac{\partial\lambda}{\partial a^{\mu}}\xi_{\mu}\right)+\frac{\partial}{\partial t}\frac{\bar{\mathrm{d}}\tau}{\mathrm{d}t}+\frac{\partial^{2}h_{\mu}}{\partial t\partial a^{\mu}}\tau+\frac{\partial^{2}h_{\mu}}{\partial a^{\mu}\partial a^{\nu}}\xi_{\nu}+\frac{\partial}{\partial a^{\mu}}\left(h_{\mu}\frac{\bar{\mathrm{d}}\tau}{\mathrm{d}t}\right)-\frac{\bar{\mathrm{d}}}{\mathrm{d}t}\frac{\bar{\mathrm{d}}\tau}{\mathrm{d}t}\quad(\mu,\nu=1,2,\cdots,2n),\tag{2.3.14}$$

将条件(2.3.10)对 t, a^{μ} 求偏导数,并将其代入(2.3.14)式,利用方程(2.3.8)和(2.3.10),可得

$$\frac{\bar{\mathrm{d}}I}{\mathrm{d}t}=0.\tag{2.3.15}$$

证毕.

利用上面的命题,很容易得到下面的推论:

推论 若无限小变换(2.3.7)式中的 $\tau(t,\boldsymbol{a})=0$,且生成元 $\xi_{\mu}(t,\boldsymbol{a})$ 满足

$$\frac{\bar{\mathrm{d}}}{\mathrm{d}t}\xi_{\mu}=\xi_{\nu}\frac{\partial h_{\mu}}{\partial a^{\nu}}\quad(\mu,\ \nu=1,\ 2,\ \cdots,\ 2n),\tag{2.3.16}$$

且存在函数 $\lambda=\lambda(t,\ \boldsymbol{a})$ 满足(2.3.10)式,则系统(2.3.1)有如下守恒量:

$$I=\frac{1}{\lambda}\frac{\partial(\lambda\xi_{\mu})}{\partial a^{\mu}}=\mathrm{const}\quad(\mu=1,\ 2,\ \cdots,\ n).\tag{2.3.17}$$

此即文献[114]的结论.

2.3.5 例子

已知四阶 Birkhoff 系统的 Birkhoff 函数为

$$B=\frac{1}{2}[a^{3}-\mathrm{arctg}(bt)]^{2}+\frac{1}{2}\left[a^{4}-\frac{1}{2b}\ln(1+b^{2}t^{2})\right]^{2},\tag{2.3.18}$$

Birkhoff 函数组为[57]

$$R_{1}=a^{3},\ R_{2}=a^{4},\ R_{3}=R_{4}=0,\tag{2.3.19}$$

试研究系统的 Lie 对称性与守恒量.

首先,建立系统的运动微分方程. 由(2.3.2)和(2.3.5)式,得

$$\Omega_{\mu\nu}=\begin{pmatrix}0&0&-1&0\\0&0&0&-1\\1&0&0&0\\0&1&0&0\end{pmatrix},\quad\Omega^{\mu\nu}=\begin{pmatrix}0&0&1&0\\0&0&0&1\\-1&0&0&0\\0&-1&0&0\end{pmatrix}.\tag{2.3.20}$$

方程(2.3.4)给出

$$\dot{a}^{1}=a^{3}-\frac{1}{b}\mathrm{arctg}(bt),$$

$$\dot{a}^2 = a^4 - \frac{1}{2b}\ln(1+b^2t^2),$$
$$\dot{a}^3 = 0, \quad (2.3.21)$$
$$\dot{a}^4 = 0.$$

其次,建立确定方程并求解. 确定方程(2.3.8),给出

$$\dot{\xi}_1 - \left(a^3 - \frac{1}{b}\mathrm{arctg}(bt)\right)\dot{\tau} = \xi_3 - \frac{1}{1+b^2t^2}\tau, \quad (2.3.22a)$$

$$\dot{\xi}_2 - \left[a^4 - \frac{1}{2b}\ln(1+b^2t^2)\right]\dot{\tau} = \xi_4 - \frac{bt}{1+b^2t^2}\tau, \quad (2.3.22b)$$

$$\dot{\xi}_3 = 0, \quad (2.3.22c)$$

$$\dot{\xi}_4 = 0. \quad (2.3.22d)$$

方程(2.3.22)有如下解

$$\tau = 1, \quad (2.3.23a)$$

$$\xi_1 = t - \frac{1}{b}\mathrm{arctg}(bt), \quad (2.3.23b)$$

$$\xi_2 = t - \frac{1}{2b}\ln(1+b^2t^2), \quad (2.3.23c)$$

$$\xi_3 = 1, \quad (2.3.23d)$$

$$\xi_4 = 1. \quad (2.3.23e)$$

生成元(2.3.23)式是 Birkhoff 系统(2.3.18)和(2.3.19)的 Lie 对称性.

最后,求系统的守恒量. 由(2.3.10)式,有

$$\frac{1}{\lambda}\frac{\partial\lambda}{\partial t} + \frac{1}{\lambda}\frac{\partial\lambda}{\partial a^1}\left(a^3 - \frac{1}{b}\mathrm{arctg}(bt)\right) +$$

$$\frac{1}{\lambda}\frac{\partial\lambda}{\partial a^2}\left(a^4-\frac{1}{2b}\ln(1+b^2t^2)\right)=0, \tag{2.3.24}$$

方程(2.3.24)有解

$$\lambda_1=a^3, \tag{2.3.25}$$

$$\lambda_2=a^4. \tag{2.3.26}$$

将无限小生成元(2.3.23)式和 λ 代入(2.3.11)式,分别得到守恒量

$$I_1=\frac{1}{a^3}=\text{const}, \tag{2.3.27}$$

$$I_2=\frac{1}{a^4}=\text{const}. \tag{2.3.28}$$

2.3.6 结论

利用 Birkhoff 系统在一般意义下的 Lie 对称性生成元 $\tau(t, a^\mu)$ 和 $\xi_\mu(t, a^\mu)$ 来构造 Birkhoff 系统的 Hojman 守恒量,将 Hojman 守恒量推广到 Birkhoff 系统,得到一个比文献[114]更一般的守恒量表达式,文献[114]的结果可作为其特例.

2.4 Hojman 定理和 Lutzky 定理的统一形式

2.4.1 引言

1992 年,Hojman[83] 提出一个新形式的守恒量,其守恒量的构造既不用 Lagrangian 也不用 Hamiltonian,而仅仅基于 Lie 对称的生成元. 虽然 Pillay 和 Leach[112] 曾证明:如果这个生成元不仅是 Lie 对称的,而且又是 Noether 对称的,则这个 Hojman 守恒量是平凡的. 但是利用这个直接方法寻找动力学系统的非 Noether 守恒量仍是一件有意义的课题,吸引了许多研究者的关注[113-123]. 事实上,1979 年

Lutzky[106]在研究 Lagrange 系统的 Lie 点对称性时，就曾经给出过 Lagrange 系统一个非 Noether 守恒量表达式，被人们称为 Lutzky 守恒量，2003 年，傅景礼和陈立群[175]研究了非保守系统的 Lutzky 守恒量. 然而 Hojman 守恒量与 Lutzky 守恒量之间关系的研究却未见报道，本节利用时间和广义坐标都变化的一般意义下的无限小变换群来研究动力学系统的 Lie 对称性，并利用其对称变化的生成元 $\tau(t, \boldsymbol{q}, \dot{\boldsymbol{q}})$ 和 $\xi_s(t, \boldsymbol{q}, \dot{\boldsymbol{q}})$ 构造了一个新形式的守恒量，而原先的 Hojman 守恒量则是该新形式守恒量在 $\tau(t, \boldsymbol{q}, \dot{\boldsymbol{q}}) = 0$ 时的推论；此外，如果我们所研究的系统是 Lagrange 系统，系统的 Lie 对称的生成元为 $\tau(t, \boldsymbol{q})$ 和 $\xi_s(t, \boldsymbol{q})$，且函数 $\lambda = D = \det\left(\dfrac{\partial^2 L}{\partial \dot{q}_s \partial \dot{q}_k}\right)$，其中 L 是 Lagrangian，则该新形式的守恒量将给出 Lutzky[106]守恒量. 因此，从某种意义上说这个新形式的守恒量可被称为 Hojman 守恒量和 Lutzky 守恒量的统一形式，而 Hojman 守恒量和 Lutzky 守恒量则是这个新形式守恒量的两个特例. 需要指出的是该新形式的守恒量有时给出的守恒量是平凡的，与 Pillay 和 Leach 类似，我们也给出了一个排除平凡守恒量的条件，并且就多自由度的情况作了更一般的证明.

2.4.2 动力学系统的 Lie 对称性

设一力学系统的运动方程为

$$\ddot{q}_s = \alpha_s(t, \boldsymbol{q}, \dot{\boldsymbol{q}}) \quad (s = 1, 2, \cdots, n), \tag{2.4.1}$$

其中 $\alpha_s(t, \boldsymbol{q}, \dot{\boldsymbol{q}})$ 是力函数.

引入包含时间 t、广义坐标 q_s 和广义速度 $\dot{q}_s$ 的无限小变换

$$t^* = t + \varepsilon\tau(t, \boldsymbol{q}, \dot{\boldsymbol{q}}), \tag{2.4.2a}$$

$$q_s^*(t^*) = q_s(t) + \varepsilon\xi_s(t, \boldsymbol{q}, \dot{\boldsymbol{q}}) \quad (s = 1, 2, \cdots, n), \tag{2.4.2b}$$

其中 ε 为一无限小参数, $\tau(t, \boldsymbol{q}, \dot{\boldsymbol{q}})$ 和 $\xi_s(t, \boldsymbol{q}, \dot{\boldsymbol{q}})$ 为无限小生成元.

引入无限小变换的生成元向量

$$X^{(0)} = \tau \frac{\partial}{\partial t} + \xi_s \frac{\partial}{\partial q_s} \quad (s = 1, 2, \cdots, n), \tag{2.4.3}$$

它的一阶扩展

$$X^{(1)} = X^{(0)} + \left(\frac{\bar{\mathrm{d}}\xi_s}{\mathrm{d}t} - \dot{q}_s \frac{\bar{\mathrm{d}}\tau}{\mathrm{d}t}\right)\frac{\partial}{\partial \dot{q}_s} \quad (s = 1, 2, \cdots, n), \tag{2.4.4}$$

二阶扩展

$$X^{(2)} = X^{(1)} + \left(\frac{\bar{\mathrm{d}}}{\mathrm{d}t}\frac{\bar{\mathrm{d}}\xi_s}{\mathrm{d}t} - 2\alpha_s \frac{\bar{\mathrm{d}}\tau}{\mathrm{d}t} - \dot{q}_s \frac{\bar{\mathrm{d}}}{\mathrm{d}t}\frac{\bar{\mathrm{d}}\tau}{\mathrm{d}t}\right)\frac{\partial}{\partial \ddot{q}_s} \quad (s = 1, 2, \cdots, n), \tag{2.4.5}$$

其中

$$\frac{\bar{\mathrm{d}}}{\mathrm{d}t} = \frac{\partial}{\partial t} + \dot{q}_s \frac{\partial}{\partial q_s} + \alpha_s \frac{\partial}{\partial \dot{q}_s} \quad (s = 1, 2, \cdots, n). \tag{2.4.6}$$

根据微分方程的 Lie 理论,方程(2.4.1)在无限小变换(2.4.2)的不变性导致如下的确定方程

$$\frac{\bar{\mathrm{d}}}{\mathrm{d}t}\left(\frac{\bar{\mathrm{d}}}{\mathrm{d}t}\xi_s\right) - 2\alpha_s \frac{\bar{\mathrm{d}}}{\mathrm{d}t}\tau - \dot{q}_s \frac{\bar{\mathrm{d}}}{\mathrm{d}t}\left(\frac{\bar{\mathrm{d}}}{\mathrm{d}t}\tau\right) = X^{(1)}(\alpha_s) \quad (s = 1, 2, \cdots, n), \tag{2.4.7}$$

因此,我们有下面的命题 2.4.1.

命题 2.4.1 如果无限小生成元 $\tau(t, \boldsymbol{q}, \dot{\boldsymbol{q}})$ 和 $\xi_s(t, \boldsymbol{q}, \dot{\boldsymbol{q}})$ 满足确定方程(2.4.7),则无限小变换(2.4.2)是微分方程(2.4.1)的 Lie 对称变换.

2.4.3 动力学系统的新形式守恒量

利用无限小变换(2.4.2),我们可以构造下面的广义 Hojman 守恒量.

命题 2.4.2 如果无限小生成元 $\tau(t, \boldsymbol{q}, \dot{\boldsymbol{q}})$ 和 $\xi_s(t, \boldsymbol{q}, \dot{\boldsymbol{q}})$ 满足确定方程(2.4.7),且存在函数 $\lambda = \lambda(t, \boldsymbol{q}, \dot{\boldsymbol{q}})$ 满足下面的方程

$$\frac{\partial \alpha_s}{\partial \dot{q}_s} + \frac{\bar{\mathrm{d}}}{\mathrm{d}t}\ln\lambda = 0 \quad (s = 1, 2, \cdots, n), \tag{2.4.8}$$

则系统(2.4.1)拥有下面的守恒量

$$I = \frac{\partial \tau}{\partial t} + \frac{\partial \xi_s}{\partial q_s} + \frac{\partial}{\partial \dot{q}_s}\left(\frac{\bar{\mathrm{d}}\xi_s}{\mathrm{d}t} - \dot{q}_s \frac{\bar{\mathrm{d}}\tau}{\mathrm{d}t}\right) + X^{(1)}\{\ln\lambda\} - \frac{\bar{\mathrm{d}}\tau}{\mathrm{d}t} \quad (s = 1, 2, \cdots, n). \tag{2.4.9}$$

证明 由方程(2.4.9),我们有

$$\frac{\bar{\mathrm{d}}I}{\mathrm{d}t} = \frac{\bar{\mathrm{d}}}{\mathrm{d}t}\left\{\frac{\partial \tau}{\partial t} + \frac{\partial \xi_s}{\partial q_s} + \frac{\partial}{\partial \dot{q}_s}\left(\frac{\bar{\mathrm{d}}}{\mathrm{d}t}\xi_s - \dot{q}_s \frac{\bar{\mathrm{d}}\tau}{\mathrm{d}t}\right)\right\} + \frac{\bar{\mathrm{d}}}{\mathrm{d}t}X^{(1)}\{\ln\lambda\} - \frac{\bar{\mathrm{d}}}{\mathrm{d}t}\left(\frac{\bar{\mathrm{d}}\tau}{\mathrm{d}t}\right) \quad (s = 1, 2, \cdots, n). \tag{2.4.10}$$

对任意函数 $A(t, \boldsymbol{q}, \dot{\boldsymbol{q}})$ 容易验证[83]

$$\frac{\bar{\mathrm{d}}}{\mathrm{d}t}\left\{\frac{\partial A}{\partial t}\right\} = \frac{\partial}{\partial t}\frac{\bar{\mathrm{d}}A}{\mathrm{d}t} - \frac{\partial \alpha_k}{\partial t}\frac{\partial A}{\partial \dot{q}_k} \quad (k = 1, 2, \cdots, n), \tag{2.4.11}$$

$$\frac{\bar{\mathrm{d}}}{\mathrm{d}t}\left\{\frac{\partial A}{\partial q_s}\right\} = \frac{\partial}{\partial q_s}\frac{\bar{\mathrm{d}}A}{\mathrm{d}t} - \frac{\partial \alpha_k}{\partial q_s}\frac{\partial A}{\partial \dot{q}_k} \quad (s, k = 1, 2, \cdots, n), \tag{2.4.12}$$

$$\frac{\bar{\mathrm{d}}}{\mathrm{d}t}\left\{\frac{\partial A}{\partial \dot{q}_s}\right\}=\frac{\partial}{\partial \dot{q}_s}\frac{\bar{\mathrm{d}}A}{\mathrm{d}t}-\frac{\partial A}{\partial q_s}-\frac{\partial \alpha_k}{\partial \dot{q}_s}\frac{\partial A}{\partial \dot{q}_k}$$

$$(s,\ k=1,\ 2,\ \cdots,\ n),\tag{2.4.13}$$

$$\widetilde{X}^{(1)}\left\{\frac{\partial A}{\partial \dot{q}_s}\right\}=\frac{\partial}{\partial \dot{q}_s}\widetilde{X}^{(1)}\{A\}-\frac{\partial \tau}{\partial \dot{q}_s}\frac{\partial A}{\partial t}-\frac{\partial \xi_k}{\partial \dot{q}_s}\frac{\partial A}{\partial q_k}-$$

$$\frac{\partial}{\partial \dot{q}_s}\left(\frac{\bar{\mathrm{d}}\xi_k}{\mathrm{d}t}-\dot{q}_k\frac{\bar{\mathrm{d}}\tau}{\mathrm{d}t}\right)\frac{\partial A}{\partial \dot{q}_k}$$

$$(s,\ k=1,\ 2,\ \cdots,\ n).\tag{2.4.14}$$

如果 $X^{(1)}$ 是系统(1)的一个对称向量,对任意函数 $A(t,\ \boldsymbol{q},\ \dot{\boldsymbol{q}})$,我们可以得到下面的关系

$$\frac{\bar{\mathrm{d}}}{\mathrm{d}t}X^{(1)}\{A\}=X^{(1)}\left\{\frac{\bar{\mathrm{d}}A}{\mathrm{d}t}\right\}+\frac{\bar{\mathrm{d}}\tau}{\mathrm{d}t}\frac{\bar{\mathrm{d}}A}{\mathrm{d}t}.\tag{2.4.15}$$

利用方程(2.4.11)、(2.4.12)和(2.4.13),我们可以证明

$$\frac{\bar{\mathrm{d}}}{\mathrm{d}t}\left\{\frac{\partial \tau}{\partial t}+\frac{\partial \xi_s}{\partial q_s}+\frac{\partial}{\partial \dot{q}_s}\left(\frac{\bar{\mathrm{d}}\xi_s}{\mathrm{d}t}-\dot{q}_s\frac{\bar{\mathrm{d}}\tau}{\mathrm{d}t}\right)\right\}$$

$$=\frac{\bar{\mathrm{d}}}{\mathrm{d}t}\frac{\bar{\mathrm{d}}\tau}{\mathrm{d}t}+\frac{\bar{\mathrm{d}}\tau}{\mathrm{d}t}\frac{\partial \alpha_s}{\partial \dot{q}_s}+\frac{\partial}{\partial \dot{q}_s}\left(\frac{\bar{\mathrm{d}}}{\mathrm{d}t}\frac{\bar{\mathrm{d}}\xi_s}{\mathrm{d}t}-2\alpha_s\frac{\bar{\mathrm{d}}\tau}{\mathrm{d}t}-\dot{q}_s\frac{\bar{\mathrm{d}}}{\mathrm{d}t}\frac{\bar{\mathrm{d}}\tau}{\mathrm{d}t}\right)-$$

$$\frac{\partial \alpha_k}{\partial t}\frac{\partial \tau}{\partial \dot{q}_k}-\frac{\partial \alpha_k}{\partial q_s}\frac{\partial \xi_s}{\partial \dot{q}_k}-\frac{\partial \alpha_k}{\partial \dot{q}_s}\frac{\partial}{\partial \dot{q}_k}\left(\frac{\bar{\mathrm{d}}\xi_s}{\mathrm{d}t}-\dot{q}_s\frac{\bar{\mathrm{d}}\tau}{\mathrm{d}t}\right)$$

$$(s,\ k=1,\ 2,\ \cdots,\ n),\tag{2.4.16}$$

此外,由方程(2.4.7)、(2.4.14)和(2.4.16)我们有

$$X^{(1)}\left\{\frac{\partial \alpha_k}{\partial \dot{q}_k}\right\}=\frac{\bar{\mathrm{d}}}{\mathrm{d}t}\left\{\frac{\partial \tau}{\partial t}+\frac{\partial \xi_s}{\partial q_s}+\frac{\partial}{\partial \dot{q}_s}\left(\frac{\bar{\mathrm{d}}\xi_s}{\mathrm{d}t}-\dot{q}_s\frac{\bar{\mathrm{d}}\tau}{\mathrm{d}t}\right)\right\}-$$

$$\frac{\bar{\mathrm{d}}}{\mathrm{d}t}\frac{\bar{\mathrm{d}}\tau}{\mathrm{d}t}-\frac{\partial\alpha_s}{\partial\dot{q}_s}\frac{\bar{\mathrm{d}}\tau}{\mathrm{d}t}$$

$$(s,\ k=1,\ 2,\ \cdots,\ n). \tag{2.4.17}$$

将方程(2.4.9)、(2.4.15)和(2.4.17)代入方程(2.4.10)的右边,即可得到

$$\frac{\bar{\mathrm{d}}I}{\mathrm{d}t}=0.$$

由命题2.4.2,我们很容易给出下面三个推论.

推论 2.4.1 如果无限小生成元 $\tau(t,\ \boldsymbol{q},\ \dot{\boldsymbol{q}})=0$, $\xi_s(t,\ \boldsymbol{q},\ \dot{\boldsymbol{q}})$ 满足确定方程(2.4.18)

$$\frac{\bar{\mathrm{d}}}{\mathrm{d}t}\left(\frac{\bar{\mathrm{d}}}{\mathrm{d}t}\xi_s\right)-\frac{\partial\alpha_s}{\partial q_k}\xi_k-\frac{\partial\alpha_s}{\partial\dot{q}_k}\frac{\bar{\mathrm{d}}}{\mathrm{d}t}\xi_k=0$$

$$(s,\ k=1,\ 2,\ \cdots,\ n), \tag{2.4.18}$$

且函数 $\lambda=\lambda(t,\ \boldsymbol{q},\ \dot{\boldsymbol{q}})$ 满足方程(2.4.8),则系统(2.4.1)拥有下面形式的守恒量

$$I=\frac{1}{\lambda}\frac{\partial(\lambda\xi_s)}{\partial q_s}+\frac{1}{\lambda}\frac{\partial}{\partial\dot{q}_s}\left(\lambda\frac{\bar{\mathrm{d}}}{\mathrm{d}t}\xi_s\right).$$

$$(s=1,\ 2,\ \cdots,\ n), \tag{2.4.19}$$

很明显,在 $\lambda=\lambda(\boldsymbol{q})$,推论2.4.1就是Hojman定理[83].

推论 2.4.2 如果无限小生成元 $\xi_s(t,\ \boldsymbol{q},\ \dot{\boldsymbol{q}})=0$, $\tau(t,\ \boldsymbol{q},\ \dot{\boldsymbol{q}})$ 满足确定方程(2.4.20)

$$2\alpha_s\frac{\bar{\mathrm{d}}\tau}{\mathrm{d}t}+\dot{q}_s\frac{\bar{\mathrm{d}}}{\mathrm{d}t}\frac{\bar{\mathrm{d}}\tau}{\mathrm{d}t}+\tau\frac{\partial\alpha_s}{\partial t}-\dot{q}_k\frac{\bar{\mathrm{d}}\tau}{\mathrm{d}t}\frac{\partial\alpha_s}{\partial\dot{q}_k}=0$$

$$(s,\ k=1,\ 2,\ \cdots,\ n), \tag{2.4.20}$$

且函数 $\lambda=\lambda(t,\boldsymbol{q},\dot{\boldsymbol{q}})$ 满足方程(2.4.8),则系统(2.4.1)拥有下面形式的守恒量

$$I=\frac{1}{\lambda}\frac{\partial(\lambda\tau)}{\partial t}-\frac{1}{\lambda}\frac{\partial}{\partial\dot{q}_s}\left(\lambda\dot{q}_s\frac{\bar{\mathrm{d}}}{\mathrm{d}t}\tau\right)-\frac{\bar{\mathrm{d}}\tau}{\mathrm{d}t}$$

$$(s=1,2,\cdots,n),\tag{2.4.21}$$

这是一个以前文献中没有出现过的新形式守恒量,后面的例子将会说明推论 2.4.2 可以给出非平凡的守恒量.

推论 2.4.3 对一个自由度为 n 的动力学系统,其 Lagrangian 为 $L(t,\boldsymbol{q},\dot{\boldsymbol{q}})$,它的运动方程可以被写成(2.4.1)式的形式,若让方程(2.4.1)不变的单参数 Lie 变换群是由向量

$$X^{(0)}=\tau(t,\boldsymbol{q})\frac{\partial}{\partial t}+\xi_s(t,\boldsymbol{q})\frac{\partial}{\partial q_s}\quad(s=1,2,\cdots,n),\tag{2.4.22}$$

生成,则系统(2.4.1)拥有下面形式的守恒量

$$I=2\left(\frac{\partial\xi_s}{\partial q_s}-\dot{q}_s\frac{\partial\tau}{\partial q_s}\right)-n\frac{\bar{\mathrm{d}}\tau}{\mathrm{d}t}+X^{(1)}\{\ln D\}$$

$$(s=1,2,\cdots,n).\tag{2.4.23}$$

其中 $\lambda=D=\det\left(\dfrac{\partial^2L}{\partial\dot{q}_s\partial\dot{q}_k}\right)$,$X^{(1)}$ 是 $X^{(0)}$ 的一阶扩展.

利用关系

$$\frac{\partial}{\partial\dot{q}_s}\frac{\bar{\mathrm{d}}\xi_s}{\mathrm{d}t}=\frac{\partial\xi_s}{\partial q_s},\tag{2.4.24a}$$

$$\frac{\partial}{\partial\dot{q}_s}\frac{\bar{\mathrm{d}}\tau}{\mathrm{d}t}=\frac{\partial\tau}{\partial q_s}.\tag{2.4.24b}$$

我们可以从(2.4.9)式推出(2.4.23)式.而推论 2.4.3 正是 Lutzky

守恒定律[106]. 可见 Lutzky 守恒定律正是这个新形式守恒量在点对称下的自然结果.

2.4.4 排除平凡守恒量的一个条件

需要指出的是:(2.4.9)式有时给出的守恒量是平凡的,即在有些情况下(2.4.9)式给出的守恒量或是零,或是一个常数. 显然我们更关注的是非平凡的守恒量,下面我们将给出一个可排除一些平凡守恒量的条件.

如果系统(2.4.1)是非奇异的,则可以证明下面的式子[81]

$$\frac{\partial \alpha_s}{\partial \dot{q}_s}+\frac{\bar{\mathrm{d}}}{\mathrm{d}t}(\ln D)=0, \tag{2.4.25}$$

其中 L 是系统的 Lagrangian, D 是元素为 $(\partial^2 L/\partial\dot{q}_s\partial\dot{q}_k)$ 矩阵的行列式,我们选取 $\lambda=D$, 且满足(21)式,如果 $\tau\partial/\partial t+\xi_s\partial/\partial q_s+(\dot{\xi}_s-\dot{q}_s\dot{\tau})\partial/\partial\dot{q}_s$ 是一个 Noether 对称算子,我们有[18]

$$\frac{\partial L}{\partial t}\tau+\frac{\partial L}{\partial q_s}\xi_s+\frac{\partial L}{\partial \dot{q}_s}(\dot{\xi}_s-\dot{q}_s\dot{\tau})+L\dot{\tau}=\frac{\mathrm{d}}{\mathrm{d}t}G(t,\boldsymbol{q},\dot{\boldsymbol{q}}), \tag{2.4.26}$$

其中 $G(t,\boldsymbol{q},\dot{\boldsymbol{q}})$ 是规范函数,在(2.4.26)式中分离出 $\ddot{q}_s$ 项,可得下面两个方程

$$\frac{\partial L}{\partial \dot{q}_s}\frac{\partial}{\partial \dot{q}_k}(\xi_s-\dot{q}_s\tau)+\frac{\partial (L\tau)}{\partial \dot{q}_k}=\frac{\partial G}{\partial \dot{q}_k}, \tag{2.4.27}$$

$$\frac{\partial L}{\partial t}+\frac{\partial L}{\partial q_s}\xi_s+\frac{\partial L}{\partial \dot{q}_s}\left[\frac{\partial}{\partial t}(\xi_s-\dot{q}_s\tau)+\dot{q}_k\frac{\partial}{\partial q_k}(\xi_s-\dot{q}_s\tau)\right]k+ L\left(\frac{\partial \tau}{\partial t}+\dot{q}_k\frac{\partial \tau}{\partial q_k}\right)=\frac{\partial G}{\partial t}+\dot{q}_k\frac{\partial G}{\partial q_k}. \tag{2.4.28}$$

由(2.4.27)式可得

$$G = L\tau + (\xi_s - \dot{q}_s\tau)\frac{\partial L}{\partial \dot{q}_s} - \int(\xi_s - \dot{q}_s\tau)\frac{\partial^2 L}{\partial \dot{q}_s \partial \dot{q}_k}\mathrm{d}\dot{q}_k + c(t, \boldsymbol{q}). \tag{2.4.29}$$

令

$$\upsilon = \int(\xi_s - \dot{q}_s\tau)\frac{\partial^2 L}{\partial \dot{q}_s \partial \dot{q}_k}\mathrm{d}\dot{q}_k - c(t, \boldsymbol{q}). \tag{2.4.30}$$

将(2.4.30)式对 $\dot{q}_k$ 求偏导数,可得

$$\xi_s - \dot{q}_s\tau = \frac{M_{sk}}{\lambda}\frac{\partial \upsilon}{\partial \dot{q}_k}, \tag{2.4.31}$$

其中 $\lambda = D = \partial^2 L/\partial \dot{q}_s \partial \dot{q}_k$, M_{sk} 是矩阵元素 $\partial^2 L/\partial \dot{q}_s \partial \dot{q}_k$ 的代数余子式,将(2.4.31)式的结果代入(2.4.28)式,经过简单的计算,可以得到下面关于 υ 的方程:

$$\frac{\partial \upsilon}{\partial t} + \dot{q}_k\frac{\partial \upsilon}{\partial q_k} + (\xi_s - \dot{q}_s\tau)\left(\frac{\partial L}{\partial q_s} - \frac{\partial^2 L}{\partial t \partial \dot{q}_s} - \dot{q}_k\frac{\partial^2 L}{\partial q_k \partial \dot{q}_s}\right) = 0. \tag{2.4.32}$$

由 Euler-Lagrange 方程,我们有

$$\frac{\partial L}{\partial q_s} = \frac{\mathrm{d}}{\mathrm{d}t}\frac{\partial L}{\partial \dot{q}_s} = \frac{\partial^2 L}{\partial t \partial \dot{q}_s} + \dot{q}_k\frac{\partial^2 L}{\partial q_k \partial \dot{q}_s} + \ddot{q}_k\frac{\partial^2 L}{\partial \dot{q}_k \partial \dot{q}_s}. \tag{2.4.33}$$

将(2.4.33)式代入(2.4.32)式,经化简得到

$$\frac{\partial \upsilon}{\partial t} + \dot{q}_k\frac{\partial \upsilon}{\partial q_k} + \ddot{q}_k\frac{\partial \upsilon}{\partial \dot{q}_k} = 0.$$

也即

$$\frac{\bar{\mathrm{d}}}{\mathrm{d}t}\upsilon = 0. \tag{2.4.34}$$

由(2.4.31)式

$$\lambda(\xi_s - \dot{q}_s\tau) = M_{sk}\frac{\partial \upsilon}{\partial \dot{q}_k}. \tag{2.4.35}$$

对(2.4.35)式两边求导，并利用(2.4.34)和(2.4.13)式，可以得到

$$\lambda\frac{\bar{\mathrm{d}}}{\mathrm{d}t}(\xi_s - \dot{q}_s\tau) = -M_{sk}\frac{\partial \upsilon}{\partial q_k} - M_{sk}\frac{\partial \upsilon}{\partial \dot{q}_\rho}\frac{\partial \alpha_\rho}{\partial \dot{q}_k} - M_{sk}\frac{\partial \upsilon}{\partial \dot{q}_k}\frac{1}{\lambda}\frac{\bar{\mathrm{d}}}{\mathrm{d}t}\lambda. \tag{2.4.36}$$

由(2.4.9)式，我们有

$$\frac{1}{\lambda}\frac{\bar{\mathrm{d}}}{\mathrm{d}t}\lambda = -\frac{\partial \alpha_s}{\partial \dot{q}_s}. \tag{2.4.37}$$

故

$$\lambda\frac{\bar{\mathrm{d}}}{\mathrm{d}t}(\xi_s - \dot{q}_s\tau) = -M_{sk}\frac{\partial \upsilon}{\partial q_k}. \tag{2.4.38}$$

将(2.4.35)和(2.4.38)式代入(2.4.9)式，并利用(2.4.8)式，我们可以推出

$$\begin{aligned} I &= \frac{1}{\lambda}\left\{\frac{\partial(\lambda\tau)}{\partial t} + \frac{\partial(\lambda\xi_s)}{\partial q_s} + \frac{\partial}{\partial \dot{q}_s}\left[\lambda\left(\frac{\bar{\mathrm{d}}\xi_s}{\mathrm{d}t} - \dot{q}_s\frac{\bar{\mathrm{d}}\tau}{\mathrm{d}t}\right)\right]\right\} - \frac{\bar{\mathrm{d}}\tau}{\mathrm{d}t} \\ &= \frac{1}{\lambda}\left\{\frac{\partial(\lambda\tau)}{\partial t} + \frac{\partial}{\partial q_s}[\lambda(\xi_s - \dot{q}_s\tau)] + \frac{\partial}{\partial \dot{q}_s}\left[\lambda\frac{\bar{\mathrm{d}}}{\mathrm{d}t}(\xi_s - \dot{q}_s\tau)\right]\right\} + \\ &\quad \frac{1}{\lambda}\left\{\dot{q}_s\frac{\partial(\lambda\tau)}{\partial q_s} + \ddot{q}_s\frac{\partial(\lambda\tau)}{\partial \dot{q}_s} + (\lambda\tau)\frac{\partial \alpha_s}{\partial \dot{q}_s}\right\} - \frac{\bar{\mathrm{d}}\tau}{\mathrm{d}t} \end{aligned}$$

$$= \frac{1}{\lambda}\left\{\frac{\bar{\mathrm{d}}}{\mathrm{d}t}(\lambda\tau) - \tau\frac{\bar{\mathrm{d}}\lambda}{\mathrm{d}t}\right\} - \frac{\bar{\mathrm{d}}\tau}{\mathrm{d}t} = 0. \tag{2.4.39}$$

可见,此时(2.4.9)式给出的守恒量是平凡的,于是我们有下面的命题 2.4.3:

命题 2.4.3 如果系统(1)的 Lagrangian 为 $L(t, \boldsymbol{q}, \dot{\boldsymbol{q}})$,若令 $\lambda(t, \boldsymbol{q}, \dot{\boldsymbol{q}}) = \dfrac{\partial^2 L}{\partial \dot{q}_s \partial \dot{q}_k}$,且 $\tau(t, \boldsymbol{q}, \dot{\boldsymbol{q}})$ 和 $\xi_s(t, \boldsymbol{q}, \dot{\boldsymbol{q}})$ 是系统的 Noether 对称性生成元,则(2.4.9)式给出的守恒量是平凡的.

2.4.5 例子

为了说明前节理论的应用,我们将在例 1 中引进 Lie 点对称变化,而在例 2 中引进广义 Lie 对称变换.

例 1 单自由度线性阻尼振子,其 Lagrangian 为

$$L = \frac{1}{2}\exp(\gamma t)\,\dot{q}^2, \tag{2.4.40}$$

其中 γ 为常数,则系统的运动微分方程如下

$$\ddot{q} = -\gamma\dot{q}. \tag{2.4.41}$$

若令

$$\xi = \xi(t, q), \tag{2.4.42a}$$

$$\tau = \tau(t, q). \tag{2.4.42b}$$

则方程(41)在无限小变换(42)下的不变性导致下面的确定方程

$$\begin{aligned}&\xi_{tt} + \gamma\xi_t + (2\xi_{tq} + \gamma\tau_t - \tau_{tt})\,\dot{q} + \\ &(\xi_{qq} - 2\tau_{tq} + 2\gamma\tau_q)\,\dot{q}^2 - \tau_{qq}\,\dot{q}^3 = 0.\end{aligned} \tag{2.4.43}$$

因此,我们有

$$\xi_{tt} + \gamma\xi_t = 0, \tag{2.4.44a}$$

$$2\xi_{tq}+\gamma\tau_t-\tau_{tt}=0, \tag{2.4.44b}$$

$$\xi_{qq}-2\tau_{tq}+2\gamma\tau_q=0, \tag{2.4.44c}$$

$$\tau_{qq}=0. \tag{2.4.44d}$$

方程(2.4.44)有下面的解

$$\tau=[c_3+c_4\exp(\gamma t)]q+c_5+c_6\exp(\gamma t)-\frac{c_2}{\gamma^3}\exp(-\gamma t), \tag{2.4.45a}$$

$$\xi=\frac{c_1+c_2q}{\gamma^2}\exp(-\gamma t)+c_8+c_7q-c_3\gamma q^2. \tag{2.4.45b}$$

由方程(2.4.8)，我们可得到

$$-\gamma+\frac{\bar{\mathrm{d}}}{\mathrm{d}t}\ln\lambda=0. \tag{2.4.46}$$

方程(2.4.6)存在解

$$\lambda=\dot{q}^{-1}. \tag{2.4.47}$$

将(2.4.45)和(2.4.47)式代入(2.4.9)式,可得下面的守恒量

$$I=c_7+c_1\frac{\exp(-\gamma t)}{\gamma\dot{q}}+c_2\frac{\dot{q}+\gamma q}{\gamma^2\dot{q}}\exp(-\gamma t)-$$
$$2c_3(\dot{q}+\gamma q)-2c_4\dot{q}\exp(\gamma t). \tag{2.4.48}$$

实际上,方程(2.4.44)和(2.4.9)有下面的特解

$$\tau=0,\ \xi=\frac{\exp(-\gamma t)}{\gamma^2},\ I=\frac{\exp(-\gamma t)}{\gamma\dot{q}}; \tag{2.4.49a}$$

$$\tau=-\exp\frac{-\gamma t}{\gamma^3},\ \xi=q\exp\frac{-\gamma t}{\gamma^2},$$

$$I=(\dot{q}+\gamma q)\exp\frac{-\gamma t}{\gamma^{2}\dot{q}};\tag{2.4.49b}$$

$$\tau=q,\ \xi=-\gamma q^{2},\ I=-2(\dot{q}+\gamma q);\tag{2.4.49c}$$

$$\tau=q\exp(\gamma t),\ \xi=0,\ I=-2\dot{q}\exp(\gamma t).\tag{2.4.49d}$$

显然,上面四个非平凡的守恒量,只有两个是函数独立的.

特别是,如果生成元 $\xi=0$, $\tau=\exp(\gamma t)q$ 和 $\lambda=\dot{q}^{-1}$,则由(2.4.21)式可得

$$I=-2\exp(\gamma t)\dot{q}.\tag{2.4.50}$$

这个事实表明推论 2 可以给出非平凡的守恒量.

例 2 下面我们来研究一个二阶非奇异的常微分方程

$$\ddot{q}=\dot{q}^{2},\tag{2.4.51}$$

的广义 Lie 对称性和守恒量.

为了简化下面的计算,我们不妨假设系统(2.4.51)的广义 Lie 对称性生成元与 $\dot{q}$ 呈线性关系,即

$$\tau=\tau_{1}(t,q)\dot{q}+\tau_{2}(t,q),\tag{2.4.52a}$$

$$\xi=\xi_{1}(t,q)\dot{q}+\xi_{2}(t,q).\tag{2.4.52b}$$

方程(2.4.51)在无限小变换(2.4.52)下的不变性导致下面的确定方程

$$\begin{aligned}&\xi_{2tt}+(2\xi_{2tq}-2\xi_{2t}+\xi_{1tt}-\tau_{2tt})\dot{q}+(2\xi_{1tq}-2\tau_{2tq}-\tau_{1tt}+\\&\xi_{2qq}-\xi_{2q})\dot{q}^{2}+(\xi_{1qq}-\tau_{2qq}+\xi_{1q}-\tau_{2q}-2\tau_{1tq}-2\tau_{1t})\dot{q}^{3}+\\&(\tau_{1qq}+3\tau_{1q}+2\tau_{1})\dot{q}^{4}=0.\end{aligned}\tag{2.4.53}$$

因此,我们有

$$\xi_{2tt}=0,\tag{2.4.54a}$$

$$2\xi_{2tq}-2\xi_{2t}+\xi_{1tt}-\tau_{2tt}=0,\tag{2.4.54b}$$

$$2\xi_{1tq}-2\tau_{2tq}-\tau_{1tt}+\xi_{2qq}-\xi_{2q}=0,\tag{2.4.54c}$$

$$\xi_{1qq}-\tau_{2qq}+\xi_{1q}-\tau_{2q}-2\tau_{1tq}-2\tau_{1t}=0, \tag{2.4.54d}$$

$$\tau_{1qq}+3\tau_{1q}+2\tau_{1}=0. \tag{2.4.54e}$$

方程(2.4.54)有下面的解

$$\tau=[(c_1t+c_2)\exp(-q)+(c_3t+c_4)\exp(-2q)]\dot{q}+[c_9\exp(-q)+c_{10}]t+c_{12}, \tag{2.4.55a}$$

$$\xi=[c_6t^2-c_{11}\exp(-q)-c_3\exp(-2q)]\dot{q}+[c_5\exp(q)+c_6]t+c_7\exp(q)+c_8-c_9\exp(-q). \tag{2.4.55b}$$

由方程(2.4.8)，我们可得到

$$2\dot{q}+\frac{\bar{\mathrm{d}}}{\mathrm{d}t}\ln\lambda=0, \tag{2.4.56}$$

方程(2.4.56)存在解

$$\lambda=\exp(-2q). \tag{2.4.57}$$

将(2.4.55)和(2.4.57)式代入(2.4.9)式，可得下面的守恒量

$$I=(3c_{11}-2c_1)\exp(-q)\dot{q}+4c_3\exp(-2q)(\dot{q}+t\dot{q}^2)-4c_4\exp(-2q)\dot{q}^2+3c_9(1+t\dot{q})\exp(-q)-2c_8-c_{10}. \tag{2.4.58}$$

直接计算表明：守恒量(2.4.58)沿系统(2.4.51)的动力学路径，有 $\bar{\mathrm{d}}I/\mathrm{d}t=0$. 很明显(2.4.55)和(2.4.58)式有下面特殊情况，

$$\tau=t\exp(-q)\dot{q},\ \xi=-q\exp(-q)\dot{q},\quad I=\exp(-q)\dot{q}; \tag{2.4.59a}$$

$$\tau=t\exp(-2q)\dot{q},\ \xi=-\exp(-2q)\dot{q},\quad I=4\exp(-2q)(\dot{q}+t\dot{q}^2); \tag{2.4.59b}$$

$$\tau=\exp(-2q)\dot{q},\ \xi=0,\ I=4\exp(-2q)\dot{q}^2; \tag{2.4.59c}$$

$$\tau = \exp(-q)t,\ \xi = -\exp(-q),$$
$$I = 3[\exp(-q) + t\exp(-q)\dot{q}]. \tag{2.4.59d}$$

显然,(2.4.59a)式的守恒量的平方就是(2.4.59c)式的守恒量,而(2.4.59b)式的守恒量可以利用(2.4.59a)和(2.4.59d)式的守恒量得到.

2.4.6 结论

在本节中,我们提出了一个关于 Hojman 守恒量和 Lutzky 守恒量的统一形式,这个新形式的守恒量仅仅是由系统运动方程的 Lie 对称生成元构成,Hojman 守恒量和 Lutzky 守恒量可以分别看成是这个统一形式的特殊情况. 另外,我们还给出了一个排除平凡守恒量的条件,并且给出了一个多自由度情况下的证明. 给出的两个例子表明:对二阶非奇异的常微分方程的两个独立的第一积分可以利用这个统一形式的守恒定律得到. 另外,由于我们在这里既考虑了时间的变分,又考虑了广义坐标的变分,将时间 t 不再仅仅视作一个参数,而将其与广义坐标 q_s 一起看作动力学变量,这个观点在现代物理学中非常重要,所以这个新形式的守恒定律可以考虑被推广到场论和相对论中去. 这将是我们下一步的研究计划.

2.5 Hamilton 系统的梅对称性与 Hojman 守恒量

2.5.1 引言

2000 年,梅凤翔[84]提出一个既不同于 Noether 对称性也不同于 Lie 对称性的新的对称性——梅对称(也称形式不变性),梅对称是指:系统运动的微分方程中的动力学函数,比如 Lagrange 函数、非势广义力、广义约束反力和约束方程等在无限小连续变换群作用下具有不变性[85-88],利用梅的形式不变性可以直接构造一个新形式的守恒量[89]. 我国学者就梅对称与 Noether 对称性的关系、梅对称与 Lie

对称性的关系以及利用梅对称求各种动力学系统的守恒量等问题进行了广泛的研究,并取得了一些有意义的结果[90-97].

在这一节,我们首先讨论 Hamilton 系统的梅对称性的定义和判据,接着研究 Hamilton 的 Lie 对称性和 Hojman 守恒量,再就 Hamilton 系统的梅对称性与 Lie 对称性的关系进行了讨论,最后给出了由梅对称性求 Hojman 守恒量的方法.

2.5.2 Hamilton 系统梅对称的定义和判据

如果一个力学系统运动微分方程可以被写成下面的形式

$$\frac{\mathrm{d}}{\mathrm{d}t}\frac{\partial L}{\partial \dot{q}_s}-\frac{\partial L}{\partial q_s}=0, \tag{2.5.1}$$

则我们称其为一个 Lagrange 系统. 常见的属于 Lagrange 系统的有:完整保守系统,广义力有广义势完整系统和 Lagrange 逆问题系统[57].

引入广义动量和 Hamiltonian

$$p_s=\frac{\partial L}{\partial \dot{q}_s}, \tag{2.5.2a}$$

$$H=\sum_{s=1}^{n}p_s\dot{q}_s-L, \tag{2.5.2b}$$

则方程(2.5.1)可被写成正则形式

$$\dot{q}_s=\frac{\partial H}{\partial p_s}, \tag{2.5.3a}$$

$$\dot{p}_s=-\frac{\partial H}{\partial q_s}. \tag{2.5.3b}$$

其中 $H=H(t,\boldsymbol{q},\boldsymbol{p})$ 是 Hamiltonian.

引进相对时间 t 、广义坐标 q_s 和广义动量 p_s 的无限小变换

$$t^* = t + \Delta t, \tag{2.5.4a}$$

$$q_s^*(t^*) = q_s(t) + \Delta q_s, \tag{2.5.4b}$$

$$p_s^*(t^*) = p_s(t) + \Delta p_s. \tag{2.5.4c}$$

它们的扩展形式为

$$t^* = t + \varepsilon\tau(t, \boldsymbol{q}, \boldsymbol{p}), \tag{2.5.5a}$$

$$q_s^*(t^*) = q_s(t) + \varepsilon\xi_s(t, \boldsymbol{q}, \boldsymbol{p}), \tag{2.5.5b}$$

$$p_s^*(t^*) = p_s(t) + \varepsilon\eta_s(t, \boldsymbol{q}, \boldsymbol{p}). \tag{2.5.5c}$$

其中 ε 是一个无限小参数，$\tau(t, \boldsymbol{q}, \boldsymbol{p})$、$\xi_s(t, \boldsymbol{q}, \boldsymbol{p})$ 和 $\eta_s(t, \boldsymbol{q}, \boldsymbol{p})$ 是无限小生成元. 经过无限小变换（2.5.5）的变换，Hamiltonian $H(t, \boldsymbol{q}, \boldsymbol{p})$ 变为 $H(t^*, q^*, p^*)$.

定义 2.5.1 如果在无限小变换(2.5.5)下，正则方程(2.5.3)保持它们的形式不变，即

$$\dot{q}_s = \frac{\partial H^*}{\partial p_s}, \tag{2.5.6a}$$

$$\dot{p}_s = -\frac{\partial H^*}{\partial q_s}. \tag{2.5.6b}$$

其中

$$H^* = H(t^*, \boldsymbol{q}^*, \boldsymbol{p}^*). \tag{2.5.7}$$

则这种不变性就称为 Hamilton 系统的梅对称性.

引进下面的微分算子

$$X^{(0)} = \tau\frac{\partial}{\partial t} + \xi_k\frac{\partial}{\partial q_k} + \eta_k\frac{\partial}{\partial p_k}, \tag{2.5.8}$$

它的一阶扩展为

$$X^{(1)} = X^{(0)} + (\dot{\xi}_k - \dot{q}_k \dot{\tau}) \frac{\partial}{\partial \dot{q}_k} + (\dot{\eta}_k - \dot{p}_k \dot{\tau}) \frac{\partial}{\partial \dot{p}_k}. \quad (2.5.9)$$

展开 H^*，我们有

$$H^* = H(t, \boldsymbol{q}, \boldsymbol{p}) + \varepsilon[X^{(0)}(H)] + O(\varepsilon^2). \quad (2.5.10)$$

利用方程(2.5.6)～(2.5.10)，可得下面的判据：

判据 如果无限小生成元 $\tau(t, \boldsymbol{q}, \boldsymbol{p})$、$\xi_k(t, \boldsymbol{q}, \boldsymbol{p})$ 和 $\eta_k(t, \boldsymbol{q}, \boldsymbol{p})$ 满足下面的条件

$$\frac{\partial X^{(0)}(H)}{\partial p_s} = 0, \quad (2.5.11a)$$

$$\frac{\partial X^{(0)}(H)}{\partial q_s} = 0. \quad (2.5.11b)$$

则无限小变换(2.5.5)是系统(2.5.3)的一个梅对称变换.

证明 将方程(2.5.10)代入方程(2.5.6)，并利用方程(2.5.3)，忽略 ε^2 和高阶无穷小项，就可以得到方程(2.5.11).

2.5.3 Hamilton 系统的 Hojman 守恒量

Hamilton 系统的 Lie 对称的基本要旨是：运动方程(2.5.3)在无限小变换(2.5.5)下保持不变. 为了后面的方便，将方程(2.5.3)改写成下面的形式

$$\dot{q}_s = g_s(t, \boldsymbol{q}, \boldsymbol{p}), \quad (2.5.12a)$$

$$\dot{p}_s = h_s(t, \boldsymbol{q}, \boldsymbol{p}). \quad (2.5.12b)$$

其中 $g_s = \dfrac{\partial H}{\partial p_s}$ 和 $h_s = \dfrac{-\partial H}{\partial \dot{q}_s}$.

定义 2.5.2 如果存在函数 $\tau(t, \boldsymbol{q}, \boldsymbol{p})$、$\xi_k(t, \boldsymbol{q}, \boldsymbol{p})$ 和 $\eta_k(t, \boldsymbol{q}, \boldsymbol{p})$ 满足下面的确定方程

$$\frac{\bar{d}\xi_s}{dt} - g_s \frac{\bar{d}\tau}{dt} = \tau \frac{\partial g_s}{\partial t} + \xi_k \frac{\partial g_s}{\partial q_k} + \eta_k \frac{\partial g_s}{\partial p_k}$$

$$(s, k = 1, 2, \cdots, n), \quad (2.5.13a)$$

$$\frac{\bar{d}\eta_s}{dt} - h_s \frac{\bar{d}\tau}{dt} = \tau \frac{\partial h_s}{\partial t} + \xi_k \frac{\partial h_s}{\partial q_k} + \eta_k \frac{\partial h_s}{\partial p_k}$$

$$(s, k = 1, 2, \cdots, n). \quad (2.5.13b)$$

则无限小变换(2.5.5)是系统(2.5.3)的 Lie 对称变换,其中

$$\frac{\bar{d}}{dt} = \frac{\partial}{\partial t} + g_s \frac{\partial}{\partial q_s} + h_s \frac{\partial}{\partial p_s} \quad (s = 1, 2, \cdots, n). \quad (2.5.14)$$

利用方程(2.5.3)的 Lie 对称性生成元，我们可以构造下面的守恒量.

命题 2.5.1 如果无限小生成元 $\tau(t, \boldsymbol{q}, \boldsymbol{p})$、$\xi_s(t, \boldsymbol{q}, \boldsymbol{p})$ 和 $\eta_s(t, \boldsymbol{q}, \boldsymbol{p})$ 满足确定方程(2.5.13),且存在函数 $\lambda(t, \boldsymbol{q}, \boldsymbol{p})$ 满足下面的方程

$$\frac{\partial g_s}{\partial q_s} + \frac{\partial h_s}{\partial p_s} + \frac{\bar{d}}{dt}\ln\lambda = 0 \quad (s = 1, 2, \cdots, n). \quad (2.5.15)$$

则系统(2.5.3)拥有下面的守恒量

$$I = \frac{1}{\lambda} \frac{\partial(\lambda\tau)}{\partial t} + \frac{1}{\lambda} \frac{\partial(\lambda\xi_s)}{\partial q_s} + \frac{1}{\lambda} \frac{\partial(\lambda\eta_s)}{\partial p_s} - \frac{\bar{d}\tau}{dt}$$

$$(s = 1, 2, \cdots, n). \quad (2.5.16)$$

证明 由方程(2.5.16),我们有

$$\frac{\bar{d}I}{dt} = \frac{\bar{d}}{dt}\left(\frac{1}{\lambda} \frac{\partial\lambda}{\partial t}\tau\right) + \frac{\bar{d}}{dt} \frac{\partial\tau}{\partial t} + \frac{\bar{d}}{dt}\left(\frac{1}{\lambda} \frac{\partial\lambda}{\partial q_s}\xi_s\right) + \frac{\bar{d}}{dt} \frac{\partial\xi_s}{\partial q_s} +$$

$$\frac{\bar{d}}{dt}\left(\frac{1}{\lambda} \frac{\partial\lambda}{\partial\eta_s}\right) + \frac{\bar{d}}{dt} \frac{\partial\eta_s}{\partial p_s} - \frac{\bar{d}}{dt} \frac{\bar{d}\tau}{dt}$$

$$(s = 1, 2, \cdots, n). \quad (2.5.17)$$

对任意函数$A(t, \boldsymbol{q}, \boldsymbol{p})$很容易验证有下面的关系[83]

$$\frac{\bar{\mathrm{d}}}{\mathrm{d}t}\frac{\partial\tau}{\partial t}=\frac{\partial}{\partial t}\frac{\bar{\mathrm{d}}\tau}{\mathrm{d}t}-\frac{\partial g_s}{\partial t}\frac{\partial\tau}{\partial q_s}-\frac{\partial h_s}{\partial t}\frac{\partial\tau}{\partial p_s}$$

$$(s=1, 2, \cdots, n), \tag{2.5.18a}$$

$$\frac{\bar{\mathrm{d}}}{\mathrm{d}t}\frac{\partial\xi_s}{\partial q_s}=\frac{\partial}{\partial q_s}\frac{\bar{\mathrm{d}}\xi_s}{\mathrm{d}t}-\frac{\partial g_s}{\partial q_k}\frac{\partial\xi_k}{\partial q_s}-\frac{\partial h_s}{\partial q_k}\frac{\partial\xi_k}{\partial p_s}$$

$$(s=1, 2, \cdots, n), \tag{2.5.18b}$$

$$\frac{\bar{\mathrm{d}}}{\mathrm{d}t}\frac{\partial\eta_s}{\partial p_s}=\frac{\partial}{\partial p_s}\frac{\bar{\mathrm{d}}\eta_s}{\mathrm{d}t}-\frac{\partial g_s}{\partial p_k}\frac{\partial\eta_k}{\partial q_s}-\frac{\partial h_s}{\partial p_k}\frac{\partial\eta_k}{\partial p_s}$$

$$(s=1, 2, \cdots, n). \tag{2.5.18c}$$

将方程(2.5.18)带入方程(2.5.17)并利用方程(2.5.13),可得到

$$\frac{\bar{\mathrm{d}}I}{\mathrm{d}t}=\frac{\bar{\mathrm{d}}}{\mathrm{d}t}\left(\frac{1}{\lambda}\frac{\partial\lambda}{\partial t}\tau\right)+\frac{\bar{\mathrm{d}}}{\mathrm{d}t}\left(\frac{1}{\lambda}\frac{\partial\lambda}{\partial q_s}\xi_s\right)+\frac{\bar{\mathrm{d}}}{\mathrm{d}t}\left(\frac{1}{\lambda}\frac{\partial\lambda}{\partial p_s}\eta_s\right)+$$

$$\left(\frac{\partial g_s}{\partial q_s}+\frac{\partial h_s}{\partial p_s}\right)\frac{\bar{\mathrm{d}}\tau}{\mathrm{d}t}+\frac{\partial}{\partial t}\left(\frac{\partial g_s}{\partial q_s}+\frac{\partial h_s}{\partial p_s}\right)\tau+$$

$$\frac{\partial}{\partial q_k}\left(\frac{\partial g_s}{\partial q_s}+\frac{\partial h_s}{\partial p_s}\right)\xi_s+\frac{\partial}{\partial p_k}\left(\frac{\partial g_s}{\partial q_s}+\frac{\partial h_s}{\partial p_s}\right)\eta_s$$

$$(s=1, 2, \cdots, n). \tag{2.5.19}$$

将(2.5.15)式分别对t、q_k和p_k求偏导数,并将结果带入(2.5.19)式,经过化简,且考虑到方程(2.5.13),可得

$$\frac{\bar{\mathrm{d}}I}{\mathrm{d}t}=0. \tag{2.5.20}$$

根据上面的命题,很容易推出下面的推论:

推论 2.5.1 如果无限小生成元$\tau(t, \boldsymbol{q}, \boldsymbol{p})=0$, $\xi_s(t, \boldsymbol{q}, \boldsymbol{p})$和

$\eta_s(t, \boldsymbol{q}, \boldsymbol{p})$ 满足方程(2. 5. 21),

$$\frac{\bar{\mathrm{d}}\xi_s}{\mathrm{d}t} = \frac{\partial g_s}{\partial q_k}\xi_k + \frac{\partial g_s}{\partial p_k}\eta_k \quad (s,\ k = 1,\ 2,\ \cdots,\ n), \tag{2.5.21a}$$

$$\frac{\bar{\mathrm{d}}\eta_s}{\mathrm{d}t} = \frac{\partial h_s}{\partial q_k}\xi_k + \frac{\partial h_s}{\partial p_k}\eta_k \quad (s,\ k = 1,\ 2,\ \cdots,\ n). \tag{2.5.21b}$$

且存在函数 $\lambda = \lambda(t, \boldsymbol{q}, \boldsymbol{p})$ 满足方程(2. 5. 15),则系统(2. 5. 3)拥有下面的守恒量

$$I = \frac{1}{\lambda}\frac{\partial(\lambda\xi_s)}{\partial q_s} + \frac{1}{\lambda}\frac{\partial(\lambda\eta_s)}{\partial p_s} \quad (s = 1,\ 2,\ \cdots,\ n). \tag{2.5.22}$$

这正是文献[115]的结果.

推论 2. 5. 2 如果无限小生成元 $\xi_s(t, \boldsymbol{q}, \boldsymbol{p}) = 0$, $\tau(t, \boldsymbol{q}, \boldsymbol{p})$ 和 $\eta_s(t, \boldsymbol{q}, \boldsymbol{p})$ 满足确定方程(2. 5. 23),

$$g_s\frac{\bar{\mathrm{d}}\tau}{\mathrm{d}t} + \tau\frac{\partial g_s}{\partial t} + \eta_k\frac{\partial g_s}{\partial p_k} = 0 \quad (s,\ k = 1,\ 2,\ \cdots,\ n), \tag{2.5.23a}$$

$$\frac{\bar{\mathrm{d}}\eta_s}{\mathrm{d}t} - h_s\frac{\bar{\mathrm{d}}\tau}{\mathrm{d}t} - \tau\frac{\partial h_s}{\partial t} - \eta_k\frac{\partial h_s}{\partial p_k} = 0 \quad (s,\ k = 1,\ 2,\ \cdots,\ n), \tag{2.5.23b}$$

且存在函数 $\lambda = \lambda(t, \boldsymbol{q}, \boldsymbol{p})$ 满足方程(2. 5. 15),则系统(2. 5. 3)拥有下面的守恒量:

$$I = \frac{1}{\lambda}\frac{\partial(\lambda\tau)}{\partial t} + \frac{1}{\lambda}\frac{\partial(\lambda\eta_s)}{\partial p_s} - \frac{\bar{\mathrm{d}}\tau}{\mathrm{d}t} \quad (s = 1,\ 2,\ \cdots,\ n). \tag{2.5.24}$$

推论 2. 5. 3 如果无限小生成元 $\eta_s(t, \boldsymbol{q}, \boldsymbol{p}) = 0$, $\tau(t, \boldsymbol{q}, \boldsymbol{p})$ 和

$\xi_s(t,\boldsymbol{q},\boldsymbol{p})$ 满足方程(2.5.25)

$$\frac{\bar{\mathrm{d}}\xi_s}{\mathrm{d}t}-g_s\frac{\bar{\mathrm{d}}\tau}{\mathrm{d}t}-\tau\frac{\partial g_s}{\partial t}-\xi_k\frac{\partial g_s}{\partial q_k}=0$$
$$(s,\ k=1,\ 2,\ \cdots,\ n),\tag{2.5.25a}$$

$$h_s\frac{\bar{\mathrm{d}}\tau}{\mathrm{d}t}+\tau\frac{\partial h_s}{\partial t}+\xi_k\frac{\partial h_s}{\partial q_k}=0$$
$$(s,\ k=1,\ 2,\ \cdots,\ n),\tag{2.5.25b}$$

且存在函数 $\lambda=\lambda(t,\boldsymbol{q},\boldsymbol{p})$ 满足方程(2.5.15),则系统(2.5.3)拥有下面的守恒量:

$$I=\frac{1}{\lambda}\frac{\partial(\lambda\tau)}{\partial t}+\frac{1}{\lambda}\frac{\partial(\lambda\xi_s)}{\partial q_s}-\frac{\bar{\mathrm{d}}\tau}{\mathrm{d}t}$$
$$(s=1,\ 2,\ \cdots,\ n).\tag{2.5.26}$$

2.5.4 梅对称性与 Lie 对称性的关系

从(2.5.11)和(2.5.13)两式的推导过程来看,梅对称性一般不同于 Lie 对称性,为了寻找它们的关系,将方程(2.5.3)按下面的形式重写

$$F(t,\boldsymbol{q},\boldsymbol{p},\dot{\boldsymbol{q}})=\dot{q}_s-\frac{\partial H}{\partial p_s}=0$$
$$(s=1,\ 2,\ \cdots,\ n),\tag{2.5.27a}$$

$$G(t,\boldsymbol{q},\boldsymbol{p},\dot{\boldsymbol{p}})=\dot{p}_s+\frac{\partial H}{\partial q_s}=0$$
$$(s=1,\ 2,\ \cdots,\ n).\tag{2.5.27b}$$

这样对系统(2.5.3)而言,Lie 对称确定方程有下面的新形式

$$X^{(1)}(F)=0,\tag{2.5.28a}$$

$$X^{(1)}(G)=0. \tag{2.5.28b}$$

经过简单的计算,可得

$$\frac{\partial X^{(0)}(H)}{\partial p_s}=\dot{\xi}_s-\dot{q}_s\dot{\tau}-X^{(1)}(F)+\frac{\partial\tau}{\partial p_s}\frac{\partial H}{\partial t}+\frac{\partial\xi_k}{\partial p_s}\frac{\partial H}{\partial q_k}+\frac{\partial\eta_k}{\partial p_s}\frac{\partial H}{\partial p_k}, \tag{2.5.29a}$$

$$\frac{\partial X^{(0)}(H)}{\partial q_s}=X^{(1)}(G)+\dot{p}_s\dot{\tau}-\dot{\eta}_s+\frac{\partial\tau}{\partial q_s}\frac{\partial H}{\partial t}+\frac{\partial\xi_k}{\partial q_s}\frac{\partial H}{\partial q_k}+\frac{\partial\eta_k}{\partial q_s}\frac{\partial H}{\partial p_k}. \tag{2.5.29b}$$

(2.5.29)式给出了梅对称性与 Lie 对称性之间的关系,因此我们有下面的命题 2.5.2:

命题 2.5.2 对 Hamilton 系统,梅对称性是 Lie 对称性的充分必要条件是下列关系成立

$$\dot{\xi}_s-\frac{\partial H}{\partial p_s}\dot{\tau}+\frac{\partial\tau}{\partial p_s}\frac{\partial H}{\partial t}+\frac{\partial\xi_k}{\partial p_s}\frac{\partial H}{\partial q_k}+\frac{\partial\eta_k}{\partial p_s}\frac{\partial H}{\partial p_k}=0, \tag{2.5.30a}$$

$$\dot{\eta}_s-\frac{\partial H}{\partial q_s}\dot{\tau}-\frac{\partial\tau}{\partial q_s}\frac{\partial H}{\partial t}-\frac{\partial\xi_k}{\partial q_s}\frac{\partial H}{\partial q_k}-\frac{\partial\eta_k}{\partial q_s}\frac{\partial H}{\partial p_k}=0. \tag{2.5.30b}$$

证明 将方程(2.5.11)和条件(2.5.30)带入(2.5.29)式,我们可以得到 $X^{(1)}(F)=0$ 和 $X^{(1)}(G)=0$,根据确定方程(2.5.28),我们知道此时的梅对称性也是 Lie 对称性.

特别是,如果 $\tau=0$,则条件(2.5.30)变为

$$\dot{\xi}_s+\frac{\partial\xi_k}{\partial p_s}\frac{\partial H}{\partial q_k}+\frac{\partial\eta_k}{\partial p_s}\frac{\partial H}{\partial p_k}=0, \tag{2.5.31a}$$

$$\dot{\eta}_s-\frac{\partial\xi_k}{\partial q_s}\frac{\partial H}{\partial q_k}-\frac{\partial\eta_k}{\partial q_s}\frac{\partial H}{\partial p_k}=0. \tag{2.5.31b}$$

2.5.5 利用 Hamilton 系统梅对称性求 Hojman 守恒量

利用 Hamilton 系统的梅对称性求 Hojman 守恒量，我们有下面命题.

命题 2.5.3 对 Hamilton 系统，如果无限小生成元 $\tau(t, \boldsymbol{q}, \boldsymbol{p})$, $\xi_s(t, \boldsymbol{q}, \boldsymbol{p})$ 和 $\eta_s(t, \boldsymbol{q}, \boldsymbol{p})$ 满足方程(2.5.11)和方程(2.5.30)，且存在函数 $\lambda = \lambda(t, \boldsymbol{q}, \boldsymbol{p})$ 满足方程(2.5.16)，则梅对称性将导致 Hojman 守恒量(2.5.15).

证明 如果无限小生成元 $\tau(t, \boldsymbol{q}, \boldsymbol{p})$, $\xi_s(t, \boldsymbol{q}, \boldsymbol{p})$ 和 $\eta_s(t, \boldsymbol{q}, \boldsymbol{p})$ 满足方程(2.5.11)和方程(2.5.30)，由命题 2.5.2，我们知道该生成元也是 Lie 对称的，所以利用定理命题 2.5.1，我们可以获得守恒量(2.5.15).

命题 2.5.4 对 Hamilton 系统，如果无限小生成元 $\tau(t, \boldsymbol{q}, \boldsymbol{p}) = 0$, $\xi_s(t, \boldsymbol{q}, \boldsymbol{p})$ 和 $\eta_s(t, \boldsymbol{q}, \boldsymbol{p})$ 满足方程(2.5.11)和方程(2.5.31)，且存在函数 $\lambda = \lambda(t, \boldsymbol{q}, \boldsymbol{p})$ 满足方程(2.5.16)，则梅对称性将导致 Hojman 守恒量(2.5.21).

证明 如果无限小生成元 $\xi_s(t, \boldsymbol{q}, \boldsymbol{p})$ 和 $\eta_s(t, \boldsymbol{q}, \boldsymbol{p})$ 满足方程(2.5.11)和方程(2.5.31)，由命题 2.5.2，我们知道该生成元也是 Lie 对称的，所以利用推论 2.5.1，我们可以获得守恒量(2.5.21).

2.5.6 例子

作为对前面理论的一个说明，下面我们考虑单自由度线性阻尼振子，其运动方程为

$$\ddot{q} + \gamma\dot{q} = 0. \tag{2.5.32}$$

首先，将系统(2.5.32)化成 Lagrange 系统，它的 Lagrangian 为

$$L = \frac{1}{2}\mathrm{e}^{\gamma t}\dot{q}^2. \tag{2.5.33}$$

则我们有

$$p=\frac{\partial L}{\partial \dot{q}}=\mathrm{e}^{\gamma t}\dot{q},\tag{2.5.34a}$$

$$H=p\dot{q}-L=\frac{1}{2}\mathrm{e}^{-\gamma t}p^{2}.\tag{2.5.34b}$$

利用方程(2.5.11),可得

$$\frac{\partial\tau}{\partial p}\left(-\frac{1}{2}\gamma p^{2}\right)-\gamma p\tau+\frac{\partial\eta}{\partial p}p+\eta=0,\tag{2.5.35a}$$

$$\frac{\partial\tau}{\partial q}\left(-\frac{1}{2}\gamma p\right)+\frac{\partial\eta}{\partial q}=0.\tag{2.5.35b}$$

很容易验证

$$\tau=0,\ \xi=1,\ \eta=0;\tag{2.5.36}$$

$$\tau=1,\ \xi=q,\ \eta=\frac{1}{2}\gamma p.\tag{2.5.37}$$

是方程(2.5.35)的两组解. 由于生成元(2.5.36)满足方程(2.5.13),所以它是系统(2.5.33)的 Lie 对称性生成元;然而,生成元(2.5.37)不满足方程(2.5.13),故它不是系统(2.5.33)的 Lie 对称性生成元. 由方程(2.5.16),我们有

$$\frac{\bar{\mathrm{d}}}{\mathrm{d}t}\ln\lambda=0.\tag{2.5.38}$$

方程(2.5.38)有下面的一个解

$$\lambda=\mathrm{e}^{-\gamma t}p+\gamma q.\tag{2.5.39}$$

将方程(2.5.36)和(2.5.39)代入方程(2.5.25),可得下面的守恒量

$$I=\frac{\gamma}{\mathrm{e}^{-\gamma t}p+\gamma q}.\tag{2.5.40}$$

2.5.7 结论

给出了 Hamilton 系统的梅对称性的定义和判据，研究了 Hamilton 系统的 Lie 对称性和 Hojman 守恒量，再就 Hamilton 系统的梅对称性与 Lie 对称性的关系进行了讨论，最后给出了由梅对称性求 Hojman 守恒量的方法.

2.6 小结

本章研究了动力学系统的非 Noether 守恒量问题，分四个部分：(1) 利用包含时间 t、广义坐标 q_s 和广义速度 $\dot{q}_s$ 的无限小变换研究了非完整系统的 Lie 对称性，给出其 Lie 对称性的定义和确定方程，构造了一个非 Noether 守恒量的表达式，其守恒量的表达式仅仅依赖其对称生成元 $\tau(t, \boldsymbol{q}, \dot{\boldsymbol{q}})$ 和 $\xi_s(t, \boldsymbol{q}, \dot{\boldsymbol{q}})$，而与系统的 Lagrangian 或 Hamiltonian 无关；(2) 利用包含时间 t 和位型变量 $\boldsymbol{a}$ 的无限小变换研究了 Birkhoff 系统的 Lie 对称性，给出其 Lie 对称性的定义和确定方程，构造了 Birkhoff 系统的一个非 Noether 守恒量的表达式，其守恒量的表达式仅仅依赖其对称生成元 $\tau(t, \boldsymbol{a})$ 和 $\xi_\mu(t, \boldsymbol{a})$，而与系统的 Birkhoffian $B(t, \boldsymbol{a})$ 和 Birkhoff $R_\mu(t, \boldsymbol{a})$ 函数组无关；(3) 研究了 Hojman 守恒量与 Lutzky 守恒量之间关系，提出一个可以概括 Hojman 守恒量与 Lutzky 守恒量的新形式的守恒量，加深了人们对 Hojman 守恒量与 Lutzky 守恒量的理解，给出一个排除平凡守恒量的条件，并给予一般性的证明；(4)给出了 Hamilton 系统的梅对称性的定义和判据，研究了 Hamilton 的 Lie 对称性和 Hojman 守恒量，再就 Hamilton 系统的梅对称性与 Lie 对称性的关系进行了讨论，最后给出了由梅对称性求 Hojman 守恒量的方法；给出以上问题的应用例子.

第三章 动力学系统 Lie 对称性与守恒量的逆问题

3.1 引言

动力学系统的对称性与守恒量之间有着密切的关系，利用系统的对称性求守恒量，我们可以利用 Noether 对称性方法、Lie 对称性方法和梅对称性方法. 而对其逆命题，即利用第一积分求其对应的对称性也一直受到人们的关注，1972 年，意大利学者 Canditti、Palmieri 和 Vitale 给出了经典动力学系统的 Noether 逆定理[17]，成功地解决了利用系统的第一积分求对应的 Noether 对称性问题. 人们对 Lie 对称性逆问题的研究虽然没有取得像 Noether 逆定理那样的漂亮结果，但是也取得了一些重要的结果.

1985 年，Katzin 和 Levine[124]研究表明：二阶动力学系统的所有（Noether 和非 Noether）含速度的无限小对称变换［$\Delta t=\varepsilon\tau(t,\boldsymbol{q},\dot{\boldsymbol{q}})$，$\Delta q_s=\varepsilon\xi_s(t,\boldsymbol{q},\dot{\boldsymbol{q}})$，$s=1,\cdots,n$］均可以用一个特征函数结构来表达，这个特征函数结构与具体的动力学系统无关，但却明显的依赖于系统的运动常数. 这个特征函数结构是通过一个辅助的对称变换函数 $Z_s(t,\boldsymbol{q},\dot{\boldsymbol{q}})$［与 $\xi_s(t,\boldsymbol{q},\dot{\boldsymbol{q}})$ 和 $\tau(t,\boldsymbol{q},\dot{\boldsymbol{q}})$ 的关系为 $\xi_s(t,\boldsymbol{q},\dot{\boldsymbol{q}})=Z_s(t,\boldsymbol{q},\dot{\boldsymbol{q}})+\dot{q}_s\tau(t,\boldsymbol{q},\dot{\boldsymbol{q}})$］来描述的. 其思想是：只要知道了系统的完全独立的不变量集，我们就能够求出辅助的对称变换函数 $Z_s(t,\boldsymbol{q},\dot{\boldsymbol{q}})$，从而进一步可以得到系统的无限小对称变换函数［因为 $\tau(t,\boldsymbol{q},\dot{\boldsymbol{q}})$ 可以任意选取］. 在后续的研究中，Katzin 和 Levine[125, 126]进一步讨论了一阶微分方程系统和具有循环坐标的动力学系统的特征函数结构.

1999年,梅凤翔[57]对Lie对称性的逆问题给出了如下的提法:由已知守恒量(第一积分)来寻求其相应的Lie对称性,系统的守恒量不一定有相应的Lie对称性,因此,逆问题可能有解,也可能无解. 具体在解Lie对称性逆问题时,是先利用Noether理论,由已知第一积分求出相应的Noether对称性,再由Noether对称性来求Lie对称性,给出了Lie对称性的逆问题的一个解法.

对于完整系统,Whittaker[98]曾研究利用第一积分寻求变分方程的特解问题,并给出一个定理,定理指出:动力学系统的第一积分与变化系统到自身的接触变换,在本质上是一回事;任何一个第一积分都对应一个无限小变换. 1991年,梅凤翔[99]进一步研究了非完整系统的第一积分与其变分方程特解的联系,推广了Whittaker定理,指出:在某些条件下,非完整系统的变分方程的特解也可以利用其第一积分来求出. 张毅[129, 130]分别研究了广义经典力学系统和约束Birkhoff系统的第一积分与变分方程特解的联系.

本章我们就非完整系统的特征函数构造和Birkhoff系统的特征函数构造分别进行了研究,对非完整系统我们是将非完整约束看作系统的一个特殊的第一积分,与已知的独立第一积分一起构成系统独立的完全不变量集,进而求出系统的无限小对称变换;利用Katzin和Levine[125]研究一阶微分方程系统的特征函数结构的方法,讨论了Birkhoff系统的特征函数构造. 研究表明:利用系统独立的第一积分完全集,通过求解辅助的对称变换函数,进而求得系统的无限小对称变换的方法,仅仅与系统的系统完全独立的第一积分集有关,而与具体的动力学系统无关.

另外,鉴于上面提到的利用动力学系统的第一积分求变分方程特解的文献中,主要是关于等时变分方程的特解与第一积分的关系,我们在第四节中讨论了利用非完整系统的第一积分来求其非等时变分方程的特解,结果表明:我们所求出的非等时变分方程的特解也是系统在相空间中该第一积分所对应的Lie对称变换,因此,利用求非等时变分方程的特解方法,给出动力学系统Lie对称性与守恒量逆问题的一个解法.

3.2 非完整系统的无限小对称变换的特征函数结构

3.2.1 引言

鉴于 Katzin 和 Levine [124-126] 只讨论了不受约束的动力学系统的无限小对称变换的特征函数结构，本节将进一步研究受到一阶非完整约束的动力学系统的含速度的无限小对称变换的特征函数结构，研究表明：只要将文献[124]在研究二阶微分方程含速度的无限小对称变换的特征函数结构时的方法作适当的推广，就可以用来讨论受到一阶非完整约束的动力学系统的含速度的无限小对称变换的特征函数结构，并举例说明其结果的应用.

3.2.2 非完整系统的无限小对称变换的特征函数结构

考虑一个力学系统，它的位型由 n 个广义坐标 $q_s(s=1,2,\cdots,n)$ 确定，它的运动受到下面 g 个理想的非线性 Chetaev 型非完整约束

$$f_\beta(t,\boldsymbol{q},\dot{\boldsymbol{q}})=0\quad(\beta=1,2,\cdots,g).\tag{3.2.1}$$

则系统的运动微分方程可以写成下面的形式[174]

$$E_s=\frac{\mathrm{d}}{\mathrm{d}t}\frac{\partial L}{\partial\dot{q}_s}-\frac{\partial L}{\partial q_s}-Q''_s-\sum_{\beta=1}^{g}\lambda_\beta\frac{\partial f_\beta}{\partial\dot{q}_s}=0$$
$$(s=1,2,\cdots,n),\tag{3.2.2}$$

其中 L 是 Lagrangian，Q''_s 是非势广义力，λ_β 为约束乘子.

文献[174]指出在某些条件下，方程(3.2.2)可以被当作一个完整系统，而方程(3.2.1)被看作是方程(3.2.2)的特殊的第一积分. 在积分运动方程之前，我们可以从(3.2.1)和(3.2.2)先求出约束乘子 λ_β，作为 t，q_s，$\dot{q}_s$ 的函数. 这样方程(3.2.2)可被写成

$$E_s = \frac{\mathrm{d}}{\mathrm{d}t}\frac{\partial L}{\partial \dot{q}_s} - \frac{\partial L}{\partial q_s} - Q''_s - \Lambda_s = 0$$

$$(s = 1, 2, \cdots, n), \tag{3.2.3}$$

其中

$$\Lambda_s = \Lambda_s(t, \boldsymbol{q}, \dot{\boldsymbol{q}}) = \lambda_\beta \frac{\partial f_\beta}{\partial \dot{q}_s}$$

$$(\beta = 1, 2, \cdots, g;\ s = 1, 2, \cdots, n). \tag{3.2.4}$$

假设

$$\det(h_{sk}) = \det\left(\frac{\partial^2 L}{\partial \dot{q}_s \partial \dot{q}_k}\right) \neq 0$$

$$(s, k = 1, 2, \cdots, n). \tag{3.2.5}$$

由方程(3.2.3)我们可以求出全部的广义加速度

$$\ddot{q}_s = \alpha_s(t, \boldsymbol{q}, \dot{\boldsymbol{q}}) \quad (s = 1, 2, \cdots, n). \tag{3.2.6}$$

由于受一阶非完整约束的非自治动力学系统的独立不变量(第一积分或运动常数)个数是 $2n-g$ [53],其中 n 是广义坐标的个数,g 是系统所受的一阶非完整约束方程的个数. 我们用 $I^\mu(t, \boldsymbol{q}, \dot{\boldsymbol{q}})$ 表示非完整系统(3.2.1)和(3.2.2)的独立第一积分一个完全集,即

$$I^\mu(t, \boldsymbol{q}, \dot{\boldsymbol{q}}) = a^\mu = \text{const} \quad (\mu = 1, \cdots, 2n-g). \tag{3.2.7}$$

联立方程(3.2.1)和(3.2.7),我们可以将 q_s 和 $\dot{q}_s$ 表达成下面的形式

$$q_s = \phi_s(c^1, c^2, \cdots, c^{2n};\ t) \equiv \phi_s(c, t)$$

$$(s = 1, 2, \cdots, n), \tag{3.2.8}$$

$$\dot{q}_s = \psi_s(c^1, c^2, \cdots, c^{2n};\ t) \equiv \psi_s(c, t) = \frac{\partial \phi_s(c, t)}{\partial t}$$

$$(s = 1, 2, \cdots, n), \tag{3.2.9}$$

其中 $c^1, c^2, \cdots, c^{2n}$ 是有 a^μ 确定的常数,方程组(3.2.8)是动力学

系统(3.2.1)和(3.2.2)的一个完全解组. 反之,若已知完全解组(3.2.8),则我们可以通过方程(3.2.8)和(3.2.9)解得 $2n$ 个常数 c, 进而获得系统独立第一积分的一个完全集(3.2.7)以及约束条件(3.2.1).

引入时间和广义坐标的无限小变换

$$t^* = t + \Delta t, \tag{3.2.10}$$

$$q_s^*(t^*) = q_s(t) + \Delta q_s \quad (s = 1, 2, \cdots, n), \tag{3.2.11}$$

它们的扩展形式为

$$t^* = t + \varepsilon\tau(t, \boldsymbol{q}, \dot{\boldsymbol{q}}), \tag{3.2.12}$$

$$q_s^*(t^*) = q_s(t) + \varepsilon\xi_s(t, \boldsymbol{q}, \dot{\boldsymbol{q}}) \quad (s = 1, 2, \cdots, n), \tag{3.2.13}$$

其中 ε 是一个无限小参数, $\tau(t, \boldsymbol{q}, \dot{\boldsymbol{q}})$ 和 $\xi_s(t, \boldsymbol{q}, \dot{\boldsymbol{q}})$ 是无限小生成元.

如果无限小变换(3.2.12)和(3.2.13)将系统(3.2.1)、(3.2.2)的解集变换成自身,习惯上我们说该变换是系统的 Lie 对称变换[57],这个变换可由下面的条件确定

$$\Delta E_s \overset{\circ}{=} 0 \quad (s = 1, 2, \cdots, n), \tag{3.2.14}$$

$$\Delta f_\beta \overset{\circ}{=} 0 \quad (\beta = 1, 2, \cdots, g), \tag{3.2.15}$$

其中符号“$\overset{\circ}{=}$”表示: 我们已利用方程(3.2.6)在方程(3.2.1)和(3.2.2)中消去了 q_s 的二阶及更高阶对时间的导数项.

利用下面的关系,我们引入一个辅助的无限小变换函数 $Z_s(t, \boldsymbol{q}, \dot{\boldsymbol{q}})$

$$\xi_s(t, \boldsymbol{q}, \dot{\boldsymbol{q}}) = Z_s(t, \boldsymbol{q}, \dot{\boldsymbol{q}}) + \dot{q}_s\tau(t, \boldsymbol{q}, \dot{\boldsymbol{q}}) \quad (s = 1, 2, \cdots, n). \tag{3.2.16}$$

根据变分等式[124]

$$\Delta G=\delta G+\frac{\mathrm{d}G}{\mathrm{d}t}\Delta t, \tag{3.2.17}$$

其中 $G=G(t,\boldsymbol{q},\mathrm{d}\boldsymbol{q}/\mathrm{d}t,\cdots,\mathrm{d}^n\boldsymbol{q}/\mathrm{d}t^n)$，条件(3.2.14)可被改写成下面的形式

$$\delta E_s\overset{\circ}{=}H_{sk}\ddot{Z}_s+J_{sk}\dot{Z}_s+K_{sk}Z_s\overset{\circ}{=}0$$
$$(s,k=1,2,\cdots,n), \tag{3.2.18}$$

其中

$$H_{sk}(\dot{q},q,t)\equiv\frac{\partial E_s}{\partial\ddot{q}_k}\quad(s,k=1,2,\cdots,n), \tag{3.2.19}$$

$$J_{sk}(\dot{q},q,t)\equiv\frac{\partial E_s}{\partial\dot{q}_k}\quad(s,k=1,2,\cdots,n), \tag{3.2.20}$$

$$K_{sk}(q,q,t)\equiv\frac{\partial E_s}{\partial q_k}\quad(s,k=1,2,\cdots,n). \tag{3.2.21}$$

可见，我们在利用变换(3.2.16)，消去(3.2.14)式中 $\xi_s(t,\boldsymbol{q},\dot{\boldsymbol{q}})$ 的同时也消去了 $\tau(t,\boldsymbol{q},\dot{\boldsymbol{q}})$. 这一点很重要，因为只要我们能从(3.2.18)式解出辅助无限小变换函数 $Z_s(t,\boldsymbol{q},\dot{\boldsymbol{q}})$，生成元 $\xi_s(t,\boldsymbol{q},\dot{\boldsymbol{q}})$ 就可以利用关系(3.2.16)确定，因 $\tau(t,\boldsymbol{q},\dot{\boldsymbol{q}})$ 可任意选取. 因此给定一个 $Z_s(t,\boldsymbol{q},\dot{\boldsymbol{q}})$ 再加上 $\tau(t,\boldsymbol{q},\dot{\boldsymbol{q}})$ 可任意选取，我们就可以得到一组满足(3.2.14)式的生成元 $\xi_s(t,\boldsymbol{q},\dot{\boldsymbol{q}})$ 和 $\tau(t,\boldsymbol{q},\dot{\boldsymbol{q}})$. 更进一步，如果满足(14)式的生成元 $\xi_s(t,\boldsymbol{q},\dot{\boldsymbol{q}})$ 和 $\tau(t,\boldsymbol{q},\dot{\boldsymbol{q}})$ 同时也满足(3.2.15)式，则 $\xi_s(t,\boldsymbol{q},\dot{\boldsymbol{q}})$ 和 $\tau(t,\boldsymbol{q},\dot{\boldsymbol{q}})$ 是非完整系统(3.2.1)、(3.2.2)的一个含速度的无限小对称变换.

下面我们来求满足(3.2.14)式的 $\xi_s(t,\boldsymbol{q},\dot{\boldsymbol{q}})$ 和 $\tau(t,\boldsymbol{q},\dot{\boldsymbol{q}})$，将方程(3.2.8)和(3.2.9)代入(3.2.18)式，可得

$$h_{sk}(c,t)\ddot{z}_s(c,t)+j_{sk}(c,t)\dot{z}_s(c,t)+k_{sk}(c,t)z_s(c,t)\overset{t}{=}0$$

$$(s,\ k=1,\ 2,\ \cdots,\ n), \tag{3.2.22}$$

其中

$$Z_s(\dot{\boldsymbol{q}},\ \boldsymbol{q},\ t) \overset{t}{=} Z_s[\psi(c,\ t),\ \phi(c,\ t),\ t] \equiv z_s(c,\ t) \quad (s=1,\ 2,\ \cdots,\ n), \tag{3.2.23}$$

$$H_{sk}(\dot{\boldsymbol{q}},\ \boldsymbol{q},\ t) \overset{t}{=} H_{sk}[\psi(c,\ t),\ \phi(c,\ t),\ t] \equiv h_{sk}(c,\ t) \quad (s,\ k=1,\ 2,\ \cdots,\ n), \tag{3.2.24}$$

$$J_{sk}(\dot{\boldsymbol{q}},\ \boldsymbol{q},\ t) \overset{t}{=} J_{sk}[\psi(c,\ t),\ \phi(c,\ t),\ t] \equiv j_{sk}(c,\ t) \quad (s,\ k=1,\ 2,\ \cdots,\ n), \tag{3.2.25}$$

$$K_{sk}(\dot{\boldsymbol{q}},\ \boldsymbol{q},\ t) \overset{t}{=} K_{sk}[\psi(c,\ t),\ \phi(c,\ t),\ t] \equiv k_{sk}(c,\ t) \quad (s,\ k=1,\ 2,\ \cdots,\ n), \tag{3.2.26}$$

符号“$\overset{t}{=}$”表示：我们利用了动力学路径(3.2.6)将任意函数 $G=G(t,\ \boldsymbol{q},\ \mathrm{d}\boldsymbol{q}/\mathrm{d}t,\ \cdots,\ \mathrm{d}^n\boldsymbol{q}/\mathrm{d}t^n)$ 表达成路径参数 t 的函数.

方程(3.2.22)的解可被表达成下面的形式

$$z_s(c,\ t) = b_\mu g_s^\mu(c,\ t) \quad (s=1,\ 2,\ \cdots,\ n;\ \mu=1,\ 2,\ \cdots,\ 2n-g), \tag{3.2.27}$$

其中 $b_\mu(\mu=1,\ 2,\ \cdots,\ 2n-g)$ 是任意常数，进而 $Z_s(t,\ \boldsymbol{q},\ \dot{\boldsymbol{q}})$ 可以被表达成[124]

$$\begin{aligned} Z_s(t,\ \boldsymbol{q},\ \dot{\boldsymbol{q}}) &= B_\mu(t,\ \boldsymbol{q},\ \dot{\boldsymbol{q}}) g_s^\mu[C^1(t,\ \boldsymbol{q},\ \dot{\boldsymbol{q}}),\ \cdots C^\mu(t,\ \boldsymbol{q},\ \dot{\boldsymbol{q}}),\ t] \\ &\equiv B_\mu g_s^\mu(C,\ t) \end{aligned} \quad (s=1,\ 2,\ \cdots,\ n;\ \mu=1,\ 2,\ \cdots,\ 2n-g), \tag{3.2.28}$$

其中 $B_\mu(t,\ \boldsymbol{q},\ \dot{\boldsymbol{q}})$ 是任意选取的运动常数，因此，它们可以被看作 $2n-g$ 个函数独立的运动常数 $I^\mu(t,\ \boldsymbol{q},\ \dot{\boldsymbol{q}})$ (3.2.7)的函数，而 $I^\mu(t,\ \boldsymbol{q},\ \dot{\boldsymbol{q}})$ 可以通过反解系统的解(3.2.8)来确定.

因此我们有下面的命题：

命题 考虑一个一阶非完整系统

$$f_{\beta}(t, \boldsymbol{q}, \dot{\boldsymbol{q}}) = 0, \quad (\beta = 1, 2, \cdots, g) \qquad (3.2.1)'$$

$$E_s = \frac{\mathrm{d}}{\mathrm{d}t}\frac{\partial L}{\partial \dot{q}_s} - \frac{\partial L}{\partial q_s} - Q''_s - \sum_{\beta=1}^{g}\lambda_{\beta}\frac{\partial f_{\beta}}{\partial \dot{q}_s} = 0$$
$$(s = 1, 2, \cdots, n), \qquad (3.2.2)'$$

系统的一个完全解集由下式给出

$$q_s = \phi_s(c^1, c^2, \cdots, c^{2n}; t) \equiv \phi_s(c^{\nu}, t)$$
$$c^{\nu} \equiv \text{const.} \quad (\nu = 1, 2, \cdots, 2n), \qquad (3.2.8)'$$

故

$$\dot{q}_s = \frac{\partial \phi_s(c, t)}{\partial t}. \qquad (3.2.9)'$$

令

$$I^{\mu}(t, \boldsymbol{q}, \dot{\boldsymbol{q}}) \overset{t}{=} a^{\mu} \quad (\mu = 1, \cdots, 2n - g), \qquad (3.2.7)'$$

是由(3.2.8)′和(3.2.9)′反解 a^{μ} 得到的一组具体的 $2n-g$ 个函数独立的运动常数.

则 $Z_s(t, \boldsymbol{q}, \dot{\boldsymbol{q}})$ 的一个解是

$$Z_s(t, \boldsymbol{q}, \dot{\boldsymbol{q}}) = B_{\mu}(t, \boldsymbol{q}, \dot{\boldsymbol{q}}) g_s^{\mu}[C^1(t, \boldsymbol{q}, \dot{\boldsymbol{q}}), \cdots, C^{\mu}(t, \boldsymbol{q}, \dot{\boldsymbol{q}}), t]$$
$$\equiv B_{\mu}\, g_s^{\mu}(C, t)$$
$$(s = 1, 2, \cdots, n; \mu = 1, 2, \cdots, 2n - g), \qquad (3.2.28)'$$

其中

$$\delta E_s \overset{\circ}{=} H_{sk}\ddot{Z}_s + J_{sk}\dot{Z}_s + K_{sk}Z_s \overset{\circ}{=} 0$$
$$(s, k = 1, 2, \cdots, n), \qquad (3.2.18)'$$

和

$$H_{sk}(t, \boldsymbol{q}, \dot{\boldsymbol{q}}) \equiv \frac{\partial E_s}{\partial \ddot{q}_k} \quad (s, k = 1, 2, \cdots, n), \qquad (3.2.19)'$$

$$J_{sk}(t, \boldsymbol{q}, \dot{\boldsymbol{q}}) \equiv \frac{\partial E_s}{\partial \dot{q}_k} \quad (s, k = 1, 2, \cdots, n), \qquad (3.2.20)'$$

$$K_{sk}(t, \boldsymbol{q}, \dot{\boldsymbol{q}}) \equiv \frac{\partial E_s}{\partial q_k} \quad (s, k = 1, 2, \cdots, n), \qquad (3.2.21)'$$

$B_\mu(t, \boldsymbol{q}, \dot{\boldsymbol{q}})$ 是系统(3.2.1)、(3.2.2)的任意运动常数，因此可以被看作是 $2n-g$ 运动常数 $I^\mu(t, \boldsymbol{q}, \dot{\boldsymbol{q}})$ (3.2.7)的函数，而函数 $g_s^\mu[I^\mu(t, \boldsymbol{q}, \dot{\boldsymbol{q}}), t]$ 是分别用运动常数 $I^\mu(t, \boldsymbol{q}, \dot{\boldsymbol{q}})$ (3.2.7)代替 $g_s^\mu(c, t)$ 中的常数 c^μ 得到的. 此外，通过适当选择运动常数 $B_\mu(t, \boldsymbol{q}, \dot{\boldsymbol{q}})$，对称方程(3.2.18)的每一个解可以被表达成(3.2.28)的形式.

这样只要解出一个 $Z_s(t, \boldsymbol{q}, \dot{\boldsymbol{q}})$，又由于 $\tau(t, \boldsymbol{q}, \dot{\boldsymbol{q}})$ 可任意的选取，就可以利用辅助关系求出相关的 $\xi_s(t, \boldsymbol{q}, \dot{\boldsymbol{q}})$，这时的 $\xi_s(t, \boldsymbol{q}, \dot{\boldsymbol{q}})$ 和 $\tau(t, \boldsymbol{q}, \dot{\boldsymbol{q}})$ 满足(3.2.14)式，假若 $\xi_s(t, \boldsymbol{q}, \dot{\boldsymbol{q}})$ 和 $\tau(t, \boldsymbol{q}, \dot{\boldsymbol{q}})$ 在满足(3.2.14)式的同时，又满足(3.2.15)式，则 $\xi_s(t, \boldsymbol{q}, \dot{\boldsymbol{q}})$ 和 $\tau(t, \boldsymbol{q}, \dot{\boldsymbol{q}})$ 是非完整系统(3.2.1)、(3.2.2)含速度的一组无限小对称变换生成元.

3.2.3 例子

考虑一个非完整系统，其 Lagrangian 和所受的约束方程分别为[6]

$$L = \frac{1}{2}(\dot{q}_7^2 + \dot{q}_2^2), \qquad (3.2.29)$$

$$f = \dot{q}_1 + at\,\dot{q}_2 - aq_2 + t = 0, \qquad (3.2.30)$$

其中 a 是一个常数.

依据方程(3.2.2),我们有

$$\ddot{q}_1 = \lambda, \tag{3.2.31}$$

$$\ddot{q}_2 = at\lambda, \tag{3.2.32}$$

已知系统的解为

$$q_1 = -\frac{t}{a}\operatorname{arctg}(at) + \frac{1}{2a^2}\ln[1 + a^2t^2] + C_1t + C_2, \tag{3.2.33}$$

$$q_2 = \frac{t}{a} - \frac{1}{a^2}\operatorname{arctg}(at) - \frac{t}{2a}\ln[1 + a^2t^2] + D_1t + D_2. \tag{3.2.34}$$

利用(3.2.33)和(3.2.34)式,我们可得到

$$\dot{q}_1 = C_1 - \frac{1}{a}\operatorname{arctg}(at), \tag{3.2.35}$$

$$\dot{q}_2 = D_1 - \frac{1}{2a}\ln(1 + a^2t^2). \tag{3.2.36}$$

利用(3.2.33)~(3.2.36)四式,我们可以解得 C_1、C_2、D_1 和 D_2,由于有约束方程(3.2.30),所以我们只能得到三个函数独立的运动常数

$$C_1(t, \boldsymbol{q}, \dot{\boldsymbol{q}}) \equiv \dot{q}_1 + \frac{1}{a}\operatorname{arctg}(at), \tag{3.2.37}$$

$$C_2(t, \boldsymbol{q}, \dot{\boldsymbol{q}}) \equiv q_1 - t\dot{q}_1 - \frac{1}{2a^2}\ln(1 + a^2t^2), \tag{3.2.38}$$

$$D_1(t, \boldsymbol{q}, \dot{\boldsymbol{q}}) \equiv \dot{q}_2 + \frac{1}{2a}\ln(1 + a^2t^2). \tag{3.2.39}$$

根据(3.2.31)和(3.2.32),可得

$$H_{11} \overset{\circ}{=} 1,\ H_{12} \overset{\circ}{=} 0,\ H_{21} \overset{\circ}{=} 0,\ H_{22} \overset{\circ}{=} 1;$$

$$J_{11} \overset{\circ}{=} 0,\ J_{12} \overset{\circ}{=} 0,\ J_{21} \overset{\circ}{=} 0,\ J_{22} \overset{\circ}{=} 0; \tag{3.2.40}$$

$$K_{11} \overset{\circ}{=} 0,\ K_{12} \overset{\circ}{=} 0,\ K_{21} \overset{\circ}{=} 0,\ K_{22} \overset{\circ}{=} 0.$$

则对称条件(3.2.18)取下面的形式

$$\ddot{Z}_1 = 0, \tag{3.2.41}$$

$$\ddot{Z}_2 = 0. \tag{3.2.42}$$

将解(3.2.33)和(3.2.34)代入方程(3.2.41)和(3.2.42),我们有

$$\ddot{z}_1 = 0, \tag{3.2.43}$$

$$\ddot{z}_2 = 0. \tag{3.2.44}$$

方程(3.2.43)和(3.2.44)的解为

$$z_1 = b_1^1 t + b_1^2, \tag{3.2.45}$$

$$z_2 = b_2^1 t + b_2^2. \tag{3.2.46}$$

下面我们按照定理中的程序来构造偏微分方程(3.2.41)和(3.2.42)的解 $Z_1(t, \boldsymbol{q}, \dot{\boldsymbol{q}})$ 和 $Z_2(t, \boldsymbol{q}, \dot{\boldsymbol{q}})$,由(3.2.28)式并考虑到(3.2.45)和(3.2.46),$Z_1(t, \boldsymbol{q}, \dot{\boldsymbol{q}})$ 和 $Z_2(t, \boldsymbol{q}, \dot{\boldsymbol{q}})$ 的形式如下

$$Z_1(t, \boldsymbol{q}, \dot{\boldsymbol{q}}) = B_1^1(t, \boldsymbol{q}, \dot{\boldsymbol{q}})t + B_1^2(t, \boldsymbol{q}, \dot{\boldsymbol{q}}), \tag{3.2.47}$$

$$Z_2(t, \boldsymbol{q}, \dot{\boldsymbol{q}}) = B_2^1(t, \boldsymbol{q}, \dot{\boldsymbol{q}})t + B_2^2(t, \boldsymbol{q}, \dot{\boldsymbol{q}}), \tag{3.2.48}$$

其中 $B_1^1(t, \boldsymbol{q}, \dot{\boldsymbol{q}})$, $B_1^2(t, \boldsymbol{q}, \dot{\boldsymbol{q}})$, $B_2^1(t, \boldsymbol{q}, \dot{\boldsymbol{q}})$ 和 $B_2^2(t, \boldsymbol{q}, \dot{\boldsymbol{q}})$ 是非完整系统(3.2.29)和(3.2.30)的任意的运动常数,故可以将其视为独立运动常数 C_1、C_2 和 D_1 的函数. 如果在解(3.2.47)和(3.2.48)中,我们选择

$$B_1^1 = a,\ B_1^2 = 0,\ B_2^1 = 0,\ B_2^2 = 1. \tag{3.2.49}$$

令 $\xi_0 = 1$，则我们有

$$\xi_0 = 1,\ \xi_1 = at + \dot{q}_1,\ \xi_2 = 1 + \dot{q}_2. \tag{3.2.50}$$

很容易验证生成元(3.2.50)满足(3.2.15)式，故生成元(3.2.50)是非完整系统(3.2.29)和(3.2.30)的无限小对称变换.

3.2.4 结论

对于一阶非完整约束系统，可首先利用它的函数独立的完全运动常数集和约束方程(视作系统的特殊的第一积分)来确定系统的特征函数结构 $Z(t, \boldsymbol{q}, \dot{\boldsymbol{q}})$，再利用 $Z(t, \boldsymbol{q}, \dot{\boldsymbol{q}})$ 来求系统的无限小对称变换 $\tau(t, \boldsymbol{q}, \dot{\boldsymbol{q}})$ 和 $\xi_s(t, \boldsymbol{q}, \dot{\boldsymbol{q}})$.

3.3 Birkhoff 系统的无限小对称变换的特征函数结构

3.3.1 引言

Birkhoff 系统动力学是现代分析力学的一个重要分支[176]，1983 年，美国物理学家 Santilli 率先研究了 Birkhoff 系统并获得了一些结果[177]，1992 年，我国数学力学家梅凤翔教授和他的合作者构建了 Birkhoff 系统动力学的框架[178]，并指出：所有的完整约束系统和所有的非完整约束系统都可以被表述成 Birkhoff 系统，因此，Birkhoff 系统是一类更一般的约束力学系统. 近年来，研究 Birkhoff 动力学已成为数学、力学和物理学的热门课题，并取得了许多重要的结果[71, 179-183].

本节的目的是进一步研究 Birkhoff 系统的无限小对称变换的特征函数结构，结果表明：Birkhoff 系统的无限小对称变换 $[\Delta t = \varepsilon\tau(t, \boldsymbol{a}),\ \Delta a^\mu = \varepsilon\xi_\mu(t, \boldsymbol{a}),\ \mu = 1, 2, \cdots, 2n]$，也可以用其特征函数结构来表达.

3.3.2 Birkhoff 系统的无限小对称变换的特征函数结构

Birkhoff 系统方程可以被写成下面的逆变形式

$$G(t, \boldsymbol{a}, \dot{\boldsymbol{a}}) = \dot{a}^{\mu} - \Omega^{\mu\nu}\left(\frac{\partial B}{\partial a^{\nu}} + \frac{\partial R_{\nu}}{\partial t}\right) = 0$$

$$(\mu, \nu = 1, 2, \cdots, 2n), \tag{3.3.1}$$

其中函数 $B = B(t, \boldsymbol{a})$ 被称作 Birkhoffian, $R_{\mu} = R_{\mu}(t, \boldsymbol{a})$ 是 Birkhoff 函数组, $\Omega^{\mu\nu}$ 是 Birkhoff 逆变张量, a^{μ} 是变量. 我们把被方程(3.3.1)描述的系统叫做 Birkhoff 系统.

设方程(3.3.1)有下面的完全解组

$$\begin{aligned} &a^{\mu} = \Phi^{\mu}(\gamma^{1}, \cdots, \gamma^{2n}, t) \equiv \Phi^{\mu}(\gamma, t) \\ &\gamma^{\nu} = \text{const.} \quad (\mu, \nu = 1, 2, \cdots, 2n), \end{aligned} \tag{3.3.2}$$

反解(3.3.2)式,我们可以得到 $2n$ 函数独立的运动常数

$$I^{\nu}(t, \boldsymbol{a}) \overset{t}{=} \gamma^{\nu} \quad (\nu = 1, 2, \cdots, 2n), \tag{3.3.3}$$

其中符号“$\overset{t}{=}$”的意义与前节一致,即利用了动力学路径(3.3.2)将任意函数 $F = F(t, \boldsymbol{a}, \mathrm{d}\boldsymbol{a}/\mathrm{d}t, \cdots, \mathrm{d}^{n}\boldsymbol{a}/\mathrm{d}t^{n})$ 表达成路径参数 t 的函数.

Birkhoff 系统的一个完全解组与通过反解完全解组得到的运动常数的关系,在确定 Birkhoff 系统的无限小对称变换的特征函数结构时是至关重要的.

引入无限小变换

$$t^{*} = t + \Delta t, \tag{3.3.4}$$

$$a^{\mu *}(t^{*}) = a^{\mu}(t) + \Delta a^{\mu} \quad (\mu = 1, 2, \cdots, 2n), \tag{3.3.5}$$

它们的扩展形式为

$$t^{*} = t + \varepsilon\tau(t, \boldsymbol{a}), \tag{3.3.6}$$

$$a^{\mu *}(t^*) = a^{\mu}(t) + \varepsilon\xi_{\mu}(t, \boldsymbol{a})$$
$$(\mu = 1, 2, \cdots, 2n). \tag{3.3.7}$$

如果无限小变换(3.3.6)和(3.3.7)将系统(3.3.1)的解集变换成自身,习惯上我们说该变换是系统的 Lie 对称变换[178],这个变换可由下面的条件确定

$$\Delta G(t, \boldsymbol{a}, \dot{\boldsymbol{a}}) \overset{\circ}{=} 0. \tag{3.3.8}$$

其中符号"$\overset{\circ}{=}$"表示：我们已利用方程(3.3.1)在方程(3.3.8)中消去了 a^{μ} 的一阶及更高阶对时间的导数项.

对微分方程(3.3.1),对称条件(3.3.8)导致下面的方程

$$\dot{\xi}_{\mu} - \Omega^{\mu\nu}\left(\frac{\partial B}{\partial a^{\nu}} + \frac{\partial R_{\nu}}{\partial t}\right)\dot{\tau} - \frac{\partial}{\partial a^{\rho}}\left[\Omega^{\mu\nu}\left(\frac{\partial B}{\partial a^{\nu}} + \frac{\partial R_{\nu}}{\partial t}\right)\right]\xi_{\rho} -$$
$$\frac{\partial}{\partial t}\left[\Omega^{\mu\nu}\left(\frac{\partial B}{\partial a^{\nu}} + \frac{\partial R_{\nu}}{\partial t}\right)\right]\tau = 0$$
$$(\mu, \nu, \rho = 1, 2, \cdots, 2n). \tag{3.3.9}$$

引入无限小变换(3.3.7)的分解形式,即将 $\xi_{\mu}(t, \boldsymbol{a})$ 表达成下面的形式

$$\xi_{\mu}(t, \boldsymbol{a}) = Z_{\mu}(t, \boldsymbol{a}) + \Omega^{\mu\nu}\left(\frac{\partial B}{\partial a^{\nu}} + \frac{\partial R_{\nu}}{\partial t}\right)\tau(t, \boldsymbol{a})$$
$$(\mu, \nu = 1, 2, \cdots, 2n). \tag{3.3.10}$$

利用(3.3.1)式和(3.3.10)式,对称条件(3.3.9)可以被表达成下面的形式

$$\dot{Z}_{\mu}(t, \boldsymbol{a}) + K^{\mu}_{\rho}Z_{\rho}(t, \boldsymbol{a}) \overset{\circ}{=} 0$$
$$(\mu, \rho = 1, 2, \cdots, 2n), \tag{3.3.11}$$

其中

$$K_{\rho}^{\mu} \equiv \frac{\partial}{\partial a^{\rho}}\left[\Omega^{\mu\nu}\left(\frac{\partial B}{\partial a^{\nu}}+\frac{\partial R_{\nu}}{\partial t}\right)\right]$$

$$(\mu,\ \nu,\ \rho=1,\ 2,\ \cdots,\ 2n). \tag{3.3.12}$$

可见,我们在利用变换(3.3.10),消去(3.3.9)式中 $\xi_{\mu}(t,\ \boldsymbol{a})$ 的同时也消去了 $\tau(t,\ \boldsymbol{a})$,这一点很重要,因为只要我们能从(3.3.11)式解出辅助无限小变换函数 $Z_{\mu}(t,\ \boldsymbol{a})$,生成元 $\xi_{\mu}(t,\ \boldsymbol{a})$ 就可以利用关系(3.3.10)确定,因 $\tau(t,\ \boldsymbol{a})$ 可任意选取. 因此给定一个 $Z_{\mu}(t,\ \boldsymbol{a})$ 再加上 $\tau(t,\ \boldsymbol{a})$ 可任意选取,我们就可以得到一组满足(3.3.9)式的生成元 $\xi_{\mu}(t,\ \boldsymbol{a})$ 和 $\tau(t,\ \boldsymbol{a})$,此时 $\xi_{\mu}(t,\ \boldsymbol{a})$ 和 $\tau(t,\ \boldsymbol{a})$ 是 Birkhoff 系统(3.3.1)的无限小对称变换.

为了求满足方程(3.3.9)的生成元 $\xi_{\mu}(t,\ \boldsymbol{a})$ 和 $\tau(t,\ \boldsymbol{a})$,我们将(3.3.2)式代入方程(3.3.12),可得

$$\dot{z}_{\mu}(\gamma,\ t)+k_{\rho}^{\mu}(\gamma,\ t)z_{\rho}(\gamma,\ t) \overset{t}{=} 0$$

$$(\mu,\ \rho=1,\ 2,\ \cdots,\ 2n), \tag{3.3.13}$$

其中

$$Z_{\mu}(t,\ \boldsymbol{a}) \overset{t}{=} Z_{\mu}[\Phi(\gamma,\ t),\ t] \equiv z_{\mu}(\gamma,\ t)$$

$$(\mu=1,\ 2,\ \cdots,\ 2n), \tag{3.3.14}$$

$$K_{\rho}^{\mu}(t,\ \boldsymbol{a}) \overset{t}{=} K_{\rho}^{\mu}[\Phi(\gamma,\ t),\ t] \equiv k_{\rho}^{\mu}(\gamma,\ t)$$

$$(\mu,\ \rho=1,\ 2,\ \cdots,\ 2n). \tag{3.3.15}$$

我们注意到:不论原来动力学系统(3.3.1)是线性还是非线性的,被(3.3.14)式 $z_{\mu}(\gamma,\ t)$ 满足的方程组(3.3.13)总是一组线性方程. 方程(3.3.13)的解可以被写成下面的形式

$$z_{\mu}(\gamma,\ t)=c^{\sigma}g_{\mu}^{\sigma}(\gamma,\ t) \quad (\mu,\ \sigma=1,\ 2,\ \cdots,\ 2n), \tag{3.3.16}$$

其中 $c^{\sigma}(\sigma=1,\ \cdots,\ 2n)$ 是任意常数,由于是在系统的轨线上,(3.3.11)式的每一个解有(3.3.16)式的形式,下面我们将证明对称

条件(偏微分方程)(3.3.11)的一个解 $Z_{\mu}^{*}(t, \boldsymbol{a})$ 可以写成下面的形式

$$\begin{aligned} Z_{\mu}^{*}(t, \boldsymbol{a}) &\equiv C^{*\sigma}(t, \boldsymbol{a}) g_{\mu}^{\sigma}[\gamma^{1}(t, \boldsymbol{a}), \cdots, \gamma^{2n}(t, \boldsymbol{a}), t] \\ &\equiv C^{*\sigma} g_{\mu}^{\sigma}(\gamma, t) \\ & \qquad (\mu, \sigma = 1, 2, \cdots, 2n), \end{aligned} \tag{3.3.17}$$

其中 $C^{*\sigma}(t, \boldsymbol{a})$ 是任意选取的运动常数,因此它总是可以被表达为 $2n$ 个函数独立的运动常数的函数 $\gamma^{\nu}(t, \boldsymbol{a})$ (3.3.3),而 $\gamma^{\nu}(t, \boldsymbol{a})$ 可以通过反解动力学方程的解得到. 这样我们可以将 $C^{*\sigma}(t, \boldsymbol{a})$ 表示为

$$\begin{aligned} C^{*\sigma}(t, \boldsymbol{a}) &= c^{*\sigma}[\gamma(t, \boldsymbol{a})] \overset{t}{=} c^{*\sigma}(\gamma), \\ c^{*\sigma}(\gamma) &= \text{const} \quad (\sigma = 1, 2, \cdots, 2n). \end{aligned} \tag{3.3.18}$$

(3.3.17)式中的函数 $g_{\mu}^{\sigma}[\gamma^{\nu}(t, \boldsymbol{a}), t]$ 是分别用运动常数 $\gamma^{\nu}(t, \boldsymbol{a})$ (3.3.3)代替 $g_{\mu}^{\sigma}(\gamma, t)$ 中的常数 γ^{ν} 得到的.

现在我们来验证解 $Z_{\mu}^{*}(t, \boldsymbol{a})$ (3.3.17) 满足偏微分方程(3.3.11),为了验证的方便,首先我们定义

$$Q_{\mu}(Z) \equiv \dot{Z}_{\mu} + K_{\rho}^{\mu} Z_{\rho} \quad (\mu, \rho = 1, 2, \cdots, 2n), \tag{3.3.19}$$

因此,只需要证明 $Q_{\mu}(Z^{*}) \overset{\circ}{=} 0$.

由(3.3.17)式,我们有

$$\dot{Z}^{*\mu} = \dot{C}^{*\sigma} g_{\mu}^{\sigma} + C^{*\sigma}\left(\frac{\partial g_{\mu}^{\sigma}}{\partial \gamma^{\nu}} \dot{\gamma}^{\nu} + \frac{\partial g_{\mu}^{\sigma}}{\partial t}\right) \qquad (\mu, \nu, \sigma = 1, 2, \cdots, 2n). \tag{3.3.20}$$

由于 $C^{*\sigma}(t, \boldsymbol{a})$ 和 γ^{ν} 是系统的运动常数,利用(3.3.1)式我们有 $\dot{C}^{*\sigma} \overset{\circ}{=} 0$, $\dot{\gamma}^{\nu} \overset{\circ}{=} 0$, 因此(3.3.20)式可简化为

$$\dot{Z}^{*\mu} \overset{\circ}{=} C^{*\sigma} \frac{\partial g_{\mu}^{\sigma}}{\partial t} \quad (\mu, \sigma = 1, 2, \cdots, 2n). \tag{3.3.21}$$

利用(3.3.17)、(3.3.19)和(3.3.20)式,可得

$$Q_{\mu}(Z^{*}) \overset{\circ}{=} C^{*\sigma}\left[\frac{\partial g_{\mu}^{\sigma}}{\partial t}+K_{\rho}^{\mu} g_{\ \mu}^{\rho}(\gamma, t)\right]$$

$$(\mu, \rho, \sigma=1, 2, \cdots, 2n). \quad (3.3.22)$$

需要注意的是,(3.3.22)式的等式为"$\overset{\circ}{=}$",所以$Q_{\mu}(Z^{*})$是a^{μ}和t的函数,故(3.3.22)式可被写成

$$Q_{\mu}(Z^{*}) \overset{\circ}{=} P_{\mu}(t, \boldsymbol{a}), \quad (3.3.23)$$

其中

$$P_{\mu}(t, \boldsymbol{a}) \equiv C^{*\sigma}\left[\frac{\partial g_{\mu}^{\sigma}}{\partial t}+K_{\rho}^{\mu} g_{\ \mu}^{\rho}(\gamma, t)\right]. \quad (3.3.24)$$

我们注意到(3.3.24)式中的对时间求偏导数$\partial g_{\mu}^{\sigma}(\gamma, t)/\partial t$项中的函数$\gamma^{\nu}(t, \boldsymbol{a})$是固定的,因此,我们要利用式(3.3.2)、式(3.3.14)、式(3.3.15)和式(3.3.18)在动力学路径上来表达(3.3.24)式,可将式(3.3.24)表达成下面的形式

$$P_{\mu}(t, \boldsymbol{a}) \overset{t}{=} c^{*\sigma}(\gamma)\left[\dot{g}_{\mu}^{\sigma}(\gamma, t)+k_{\rho}^{\mu}(\gamma, t) g_{\sigma}^{\rho}(\gamma, t)\right]. \quad (3.3.25)$$

(3.3.25)式的函数$g_{\mu}^{\sigma}(\gamma, t)$是方程(3.3.13)在$\gamma^{\nu}$取任意一个值时的解,故有$P_{\mu}(t, \boldsymbol{a}) \overset{t}{=} 0$. 既然函数$P_{\mu}(t, \boldsymbol{a})$在各条轨线的每个点上恒等于零,由(3.3.23)可推断,因此$Z^{*\mu}(t, \boldsymbol{a})$ (3.3.17)满足对称条件(3.3.11).

因此我们有下面的命题:

命题 考虑一个Brikhoff系统

$$G(t, \boldsymbol{a}, \dot{\boldsymbol{a}})=\dot{a}^{\mu}-\Omega^{\mu\nu}\left(\frac{\partial B}{\partial a^{\nu}}+\frac{\partial R_{\nu}}{\partial t}\right)=0$$

$$(\mu, \nu=1, 2, \cdots, 2n), \quad (3.3.1)'$$

系统的一个完全解集由下式给出

$$a^{\mu}=\Phi^{\mu}(\gamma^{1}, \cdots, \gamma^{2n}, t) \equiv \Phi^{\mu}(\gamma, t),$$

$$\gamma^{\nu}=\text{const} \quad (\mu,\ \nu=1,\ 2,\ \cdots,\ 2n). \tag{3.3.2$'$}$$

令

$$I^{\nu}(t,\ \boldsymbol{a})\overset{t}{=}\gamma^{\nu} \quad (\nu=1,\ 2,\ \cdots,\ 2n), \tag{3.3.3$'$}$$

是由 (3.3.2)$'$ 反解 γ^{ν} 得到的一组具体的 $2n$ 个函数独立的运动常数.

对称方程

$$\begin{aligned}\delta G=\dot{\mathring{Z}}_{\mu}(t,\ \boldsymbol{a})+K_{\rho}^{\mu}\mathring{Z}_{\rho}(t,\ \boldsymbol{a})=0\\ (\mu,\ \rho=1,\ 2,\ \cdots,\ 2n),\end{aligned} \tag{3.3.11$'$}$$

的一个解 $Z_{\mu}(t,\ \boldsymbol{a})$ 是

$$\begin{aligned}Z_{\mu}(t,\ \boldsymbol{a})&=C^{\sigma}(t,\ \boldsymbol{a})g_{\mu}^{\sigma}[\gamma^{1}(t,\ \boldsymbol{a}),\ \cdots,\ \gamma^{2n}(t,\ \boldsymbol{a}),\ t]\\ &\equiv C^{\sigma}g_{\mu}^{\sigma}(\gamma,\ t)\\ &\qquad\qquad (\mu,\ \sigma=1,\ 2,\ \cdots,\ 2n),\end{aligned} \tag{3.3.17$'$}$$

其中

$$K_{\rho}^{\mu}\equiv\frac{\partial}{\partial a^{\rho}}\left[\Omega^{\mu\nu}\left(\frac{\partial B}{\partial a^{\nu}}+\frac{\partial R_{\nu}}{\partial t}\right)\right] \quad (\mu,\ \nu,\ \rho=1,\ 2,\ \cdots,\ 2n). \tag{3.3.12$'$}$$

$C^{\sigma}(t,\ \boldsymbol{a})$ 是系统 (3.3.1)$'$ 的任意运动常数,因此可以被看作是 $2n$ 独立的运动常数 $I^{\nu}(t,\ \boldsymbol{a})$(3.3.3)$'$ 的函数，而函数 $g_{\mu}^{\sigma}[I(t,\ \boldsymbol{a}),\ t]$ 是分别用运动常数 $I^{\nu}(t,\ \boldsymbol{a})$ (3.3.3)$'$代替(3.3.16)式中 $g_{\mu}^{\sigma}(\gamma,\ t)$ 的常数 γ^{ν} 得到的.

这样只要解出一个 $Z_{\mu}(t,\ \boldsymbol{a})$，又由于 $\tau(t,\ \boldsymbol{a})$ 可任意选取,因此可以利用辅助关系求出相关的 $\xi_{\mu}(t,\ \boldsymbol{a})$，这时的 $\xi_{\mu}(t,\ \boldsymbol{a})$ 和 $\tau(t,\ \boldsymbol{a})$ 满足(3.3.8)式,顾 $\xi_{\mu}(t,\ \boldsymbol{a})$ 和 $\tau(t,\ \boldsymbol{a})$ 是 Birkhoff 系统(3.3.1)的一组无限小对称变换生成元.

3.3.3 例子

考虑一个四阶 Birkhoff 系统,其 Brikhoffian $B(t,\ \boldsymbol{a})$ 和 Brikhoff

函数组 $R_\mu(t, \boldsymbol{a})$ 分别为

$$B=\frac{1}{2}\left[a^3-\frac{1}{b}\operatorname{arctg}(bt)\right]^2+\frac{1}{2}\left[a^4-\frac{1}{2b}\ln(1+b^2t^2)\right]^2;$$

$$R_1=a^3,\quad R_2=a^4,\quad R_3=0,\quad R_4=0,\tag{3.3.26}$$

则系统的运动方程为

$$\begin{pmatrix}\dot{a}_1\\ \dot{a}_2\\ \dot{a}_3\\ \dot{a}_4\end{pmatrix}-\begin{pmatrix}0&0&-1&0\\0&0&0&-1\\1&0&0&0\\0&1&0&0\end{pmatrix}\begin{pmatrix}0\\0\\a^3-\dfrac{1}{b}\operatorname{arctg}(bt)\\a^4-\dfrac{1}{2b}\ln(1+b^2t^2)\end{pmatrix}=0.\tag{3.3.27}$$

已知系统的解为

$$a^1=-\frac{t}{b}\operatorname{arctg}(bt)+\frac{1}{2b^2}\ln[1+b^2t^2]+\gamma^1t+\gamma^2,\tag{3.3.28}$$

$$a^2=\frac{t}{b}-\frac{1}{b^2}\operatorname{arctg}(bt)-\frac{t}{2b}\ln[1+b^2t^2]+\gamma^3t+\gamma^4,\tag{3.3.29}$$

$$a^3=\gamma^1,\tag{3.3.30}$$

$$a^4=\gamma^3.\tag{3.3.31}$$

利用(3.3.28)~(3.3.31)式,我们可以反解 γ^1、γ^2、γ^3 和 γ^4,由这个反解程序可以得到四个函数独立的运动常数

$$I^1=a^3,\tag{3.3.32}$$

$$I^2=a^4,\tag{3.3.33}$$

$$I^3=a^1-a^3t+\frac{1}{b}\int\operatorname{arctg}(bt)\mathrm{d}t,\tag{3.3.34}$$

$$I^4=a^2-a^4t+\frac{1}{2b}\int\ln[1+b^2t^2]\mathrm{d}t.\tag{3.3.35}$$

根据(3.3.27)式,可以求得

$$K_1^1=0,\ K_2^1=0,\ K_3^1=-1,\ K_4^1=0;$$

$$K_1^2=0,\ K_2^2=0,\ K_3^2=0,\ K_4^2=-1;$$

$$K_1^3=0,\ K_2^3=0,\ K_3^3=0,\ K_4^3=0; \quad (3.3.36)$$

$$K_1^4=0,\ K_2^4=0,\ K_3^4=0,\ K_4^4=0.$$

则对称条件(3.3.11)取下面的形式

$$\dot{Z}_1-Z_3=0, \quad (3.3.37)$$

$$\dot{Z}_2-Z_4=0, \quad (3.3.38)$$

$$\dot{Z}_3=0, \quad (3.3.39)$$

$$\dot{Z}_4=0. \quad (3.3.40)$$

将解(3.3.28)~(3.3.31)代入方程(3.3.37)~(3.3.40),我们有

$$\dot{z}_1-z_3=0, \quad (3.3.41)$$

$$\dot{z}_2-z_4=0, \quad (3.3.42)$$

$$\dot{z}_3=0, \quad (3.3.43)$$

$$\dot{z}_4=0. \quad (3.3.44)$$

方程(3.3.41)~(3.3.44)的解为

$$z_1=c^3t+c^1, \quad (3.3.45)$$

$$z_2=c^4t+c^2, \quad (3.3.46)$$

$$z_3=c^3, \quad (3.3.47)$$

$$z_4=c^4. \quad (3.3.48)$$

下面我们按照定理中的程序来构造偏微分方程(3.3.37)～(3.3.40)的解 $Z_1(t, \boldsymbol{a})$、$Z_2(t, \boldsymbol{a})$、$Z_3(t, \boldsymbol{a})$ 和 $Z_4(t, \boldsymbol{a})$，由(3.3.25)式并考虑到(3.3.45)～(3.3.48)，解 $Z_1(t, \boldsymbol{a})$、$Z_2(t, \boldsymbol{a})$、$Z_3(t, \boldsymbol{a})$ 和 $Z_4(t, \boldsymbol{a})$ 的形式如下

$$Z_1(t, \boldsymbol{a}) = C^3(t, \boldsymbol{a})t + C^1(t, \boldsymbol{a}), \tag{3.3.49}$$

$$Z_2(t, \boldsymbol{a}) = C^4(t, \boldsymbol{a})t + C^2(t, \boldsymbol{a}), \tag{3.3.50}$$

$$Z_3(t, \boldsymbol{a}) = C^3(t, \boldsymbol{a}), \tag{3.3.51}$$

$$Z_4(t, \boldsymbol{a}) = C^4(t, \boldsymbol{a}), \tag{3.3.52}$$

其中 $C^1(t, \boldsymbol{a})$, $C^2(t, \boldsymbol{a})$, $C^3(t, \boldsymbol{a})$ 和 $C^4(t, \boldsymbol{a})$ 是 Birkhoff 系统(3.3.26)的任意运动常数，故可以将其视为独立运动常数 I^1、I^2、I^3 和 I^4 的任意函数. 如果在一般的对称解(3.3.49)～(3.3.52)中，我们选择

$$C^1 = 1, C^2 = 0, C^3 = 0, C^4 = 1. \tag{3.3.53}$$

令 $\tau = 0$，则我们有

$$\tau = 0, \xi_1 = 1, \xi_2 = t, \xi_3 = 0, \xi_4 = 1. \tag{3.3.54}$$

很容易验证生成元(3.3.54)满足(3.3.8)式，故生成元(3.3.54)是 Birkhoff 系统(3.3.26)的无限小对称变换.

3.3.4 结论

对于 Birkhoff 系统，可首先利用它的函数独立的完全运动常数集来确定系统的特征函数结构 $Z(t, \boldsymbol{a})$，再利用 $Z(t, \boldsymbol{a})$ 来求系统的无限小对称变换 $\tau(t, \boldsymbol{a})$ 和 $\xi_\mu(t, \boldsymbol{a})$.

3.4 非完整系统非等时变分方程的特解与其第一积分的联系

3.4.1 引言

对一个完整系统，Whittaker [98] 曾研究利用第一积分寻求变分

方程的特解问题，并给出一个定理，定理指出：动力学系统的积分与变化系统到自身的接触变换，在本质上是一回事；系统的任何第一积分都对应着一个无限小变换. 1991年，梅凤翔[99]进一步研究了非完整系统的第一积分与其变分方程特解的联系，推广了Whittaker定理，指出：在某些条件下，非完整系统的变分方程的特解也可以利用其第一积分来求出. 张毅[129, 130]分别研究了广义经典力学系统和约束Birkhoff系统的第一积分与变分方程特解的联系. 变分方程是在方程的解的领域内，通过线性化运动方程而得到的，在许多场合有着重要的应用. 例如，它们可以被应用在研究动力学系统的稳定性和定义Lyapunov指数[184-186]，它们也可以被应用在几何控制理论中[187]，此外，变分方程还可以被用来证明动力学系统的一个积分不变量可以利用其第一积分来确定[188]. 本文研究表明它还可以被用来求Lie对称性的逆问题[100].

考虑到上面的文献[98, 99, 129, 130]均只是讨论了等时变分方程的特解，在本节，我们将进一步讨论利用非完整系统的第一积分来求其非等时变分方程的特解. 首先，给出非完整系统的非等时变分方程，接着研究它们的解的特点，研究结果表明：在某些条件下，非完整系统的非等时变分方程的特解可以利用其第一积分来得到，最后指出：我们所求出的非等时变分方程的特解也是系统在相空间中该第一积分所对应的Lie对称变换.

3.4.2 非完整系统的非等时变分方程

考虑一个力学系统，它的位型由 n 个广义坐标 $q_s(s=1, 2, \cdots, n)$ 确定，它的运动受到下面 g 个理想的一阶非线性Chetaev型非完整约束

$$f_\beta(t, q_s, \dot{q}_s)=0$$
$$(\beta=1, 2, \cdots, g;\ s=1, 2, \cdots, n), \tag{3.4.1}$$

约束(3.4.1)对虚位移的限制为[174]

$$\sum_{s=1}^{n}\frac{\partial f_{\beta}}{\partial \dot{q}_s}\delta q_s=0$$

$$(\beta=1,2,\cdots,g;\ s=1,2,\cdots,n).\tag{3.4.2}$$

我们依据 D'Alembert-Lagrange 原理和方程(3.4.2),并利用 Lagrange 乘子方法,则系统的运动方程可被写成 Routh 形式[174]

$$\frac{\mathrm{d}}{\mathrm{d}t}\frac{\partial L}{\partial \dot{q}_s}-\frac{\partial L}{\partial q_s}=Q''_s+\sum_{\beta=1}^{g}\lambda_{\beta}\frac{\partial f_{\beta}}{\partial \dot{q}_s}$$

$$(s=1,2,\cdots,n),\tag{3.4.3}$$

其中 L 是 Lagrangian, Q''_s 是非势广义力, λ_{β} 为约束乘子,如果系统是非奇异的,即

$$\det(h_{sk})=\det\left(\frac{\partial^2 L}{\partial \dot{q}_s\partial \dot{q}_k}\right)\neq 0$$

$$(s,k=1,2,\cdots,n),\tag{3.4.4}$$

在积分运动方程之前,我们先从方程(3.4.2)和(3.4.3)解出 $\lambda_{\beta}=\lambda_{\beta}(t,q_s,\dot{q}_s)$,这样方程(3.4.3)可被重新写成下面的形式

$$\frac{\mathrm{d}}{\mathrm{d}t}\frac{\partial L}{\partial \dot{q}_s}-\frac{\partial L}{\partial q_s}=Q''_s+\Lambda_s\quad(s=1,2,\cdots,n),\tag{3.4.5}$$

其中

$$\Lambda_s=\Lambda_s(t,\boldsymbol{q},\dot{\boldsymbol{q}})=\sum_{\beta=1}^{g}\lambda_{\beta}\frac{\partial f_{\beta}}{\partial \dot{q}_s}$$

$$(s=1,2,\cdots,n).\tag{3.4.6}$$

方程(3.4.5)被称为与非完整系统(3.4.1)、(3.4.3)相应的完整系统的运动方程. 如果运动的初始条件满足非完整约束方程(3.4.1),那么方程(3.4.5)的解就给出非完整系统的运动.

引入广义动量和 Hamiltonian

$$p_s = \frac{\partial L}{\partial \dot{q}_s} \quad (s = 1, 2, \cdots, n), \tag{3.4.7}$$

$$H = \sum_{s=1}^{n} p_s \dot{q}_s - L. \tag{3.4.8}$$

则方程(3.4.5)可以被写成下面的正则形式

$$\dot{q}_s = \frac{\partial H}{\partial p_s} \quad (s = 1, 2, \cdots, n), \tag{3.4.9}$$

$$\dot{p}_s = -\frac{\partial H}{\partial q_s} + \tilde{\Lambda}_s \quad (s = 1, 2, \cdots, n), \tag{3.4.10}$$

其中

$$\tilde{\Lambda}_s = \tilde{\Lambda}_s(t, \boldsymbol{q}, \boldsymbol{p}) = Q''_s[t, \boldsymbol{q}, \dot{\boldsymbol{q}}(t, \boldsymbol{q}, \boldsymbol{p})] + \Lambda_s[t, \boldsymbol{q}, \dot{\boldsymbol{q}}(t, \boldsymbol{q}, \boldsymbol{p})] \quad (s = 1, 2, \cdots, n), \tag{3.4.11}$$

方程(3.4.9)和(3.4.10)通常被称为与非完整系统(3.4.1)、(3.4.3)相应的完整系统的广义正则运动方程. 如果在相空间运动的初始条件满足非完整约束方程(3.4.1),那么方程(3.4.9)和(3.4.10)的解就给出非完整系统的运动.

接着,我们研究非完整系统的非等时变分方程,根据等时变分(用δ表示)和非等时变分(用Δ表示)的关系[16]

$$\Delta(*) = \delta(*) + (\dot{*})\Delta t,$$

其中 * 可分别是标量、矢量或张量,如果用广义坐标 q_s 和广义动量 p_s 分别代替 *,我们有

$$\Delta q_s = \delta q_s + \dot{q}_s \Delta t \quad (s = 1, 2, \cdots, n), \tag{3.4.12}$$

$$\Delta p_s = \delta p_s + \dot{p}_s \Delta t \quad (s = 1, 2, \cdots, n). \tag{3.4.13}$$

在方程(3.4.9)和(3.4.10)中,用 $t + \Delta t$, $q_s + \Delta q_s$, $p_s + \Delta p_s$ 分别代替

t, q_s, p_s, 并展开上式,忽略二阶和二阶以上小量,我们可得到

$$\dot{q}_s + \frac{\mathrm{d}}{\mathrm{d}t}(\Delta q_s) - \dot{q}_s \frac{\mathrm{d}}{\mathrm{d}t}(\Delta t)$$

$$= \frac{\partial H}{\partial p_s} + \sum_{k=1}^{n} \frac{\partial^2 H}{\partial p_s \partial q_k}\Delta q_k + \sum_{k=1}^{n} \frac{\partial^2 H}{\partial p_s \partial p_k}\Delta p_k + \frac{\partial^2 H}{\partial p_s \partial t}\Delta t$$

$$(s = 1, 2, \cdots, n), \tag{3.4.14}$$

$$\dot{p}_s + \frac{\mathrm{d}}{\mathrm{d}t}(\Delta p_s) - \dot{p}_s \frac{\mathrm{d}}{\mathrm{d}t}(\Delta t)$$

$$= -\frac{\partial H}{\partial q_s} - \sum_{k=1}^{n} \frac{\partial^2 H}{\partial q_s \partial q_k}\Delta q_k - \sum_{k=1}^{n} \frac{\partial^2 H}{\partial q_s \partial p_k}\Delta p_k - \frac{\partial^2 H}{\partial q_s \partial t}\Delta t +$$

$$\tilde{\Lambda}_s + \sum_{k=1}^{n} \frac{\partial \tilde{\Lambda}_s}{\partial q_k}\Delta q_k + \sum_{k=1}^{n} \frac{\partial \tilde{\Lambda}_s}{\partial p_k}\Delta p_k + \frac{\partial \tilde{\Lambda}_s}{\partial t}\Delta t$$

$$(s = 1, 2, \cdots, n). \tag{3.4.15}$$

将方程(3.4.9)和(3.4.10)直接代入方程(3.4.14)和(3.4.5),经过简单的化简,我们可以得到下面的方程

$$\frac{\mathrm{d}}{\mathrm{d}t}(\Delta q_s) = \sum_{k=1}^{n} \frac{\partial^2 H}{\partial p_s \partial q_k}\Delta q_k + \sum_{k=1}^{n} \frac{\partial^2 H}{\partial p_s \partial p_k}\Delta p_k +$$

$$\frac{\partial^2 H}{\partial p_s \partial t}\Delta t + \frac{\partial H}{\partial p_s}\frac{\mathrm{d}}{\mathrm{d}t}(\Delta t)$$

$$(s = 1, 2, \cdots, n), \tag{3.4.16}$$

$$\frac{\mathrm{d}}{\mathrm{d}t}(\Delta p_s) = -\sum_{k=1}^{n} \frac{\partial^2 H}{\partial q_s \partial q_k}\Delta q_k - \sum_{k=1}^{n} \frac{\partial^2 H}{\partial q_s \partial p_k}\Delta p_k -$$

$$\frac{\partial^2 H}{\partial q_s \partial t}\Delta t + \sum_{k=1}^{n} \frac{\partial \tilde{\Lambda}_s}{\partial q_k}\Delta q_k + \sum_{k=1}^{n} \frac{\partial \tilde{\Lambda}_s}{\partial p_k}\Delta p_k +$$

$$\frac{\partial \tilde{\Lambda}_s}{\partial t}\Delta t + \left(\tilde{\Lambda}_s - \frac{\partial H}{\partial q_s}\right)\frac{\mathrm{d}}{\mathrm{d}t}(\Delta t)$$

$$(s=1,\ 2,\ \cdots,\ n). \tag{3.4.17}$$

方程(3.4.16)和(3.4.17)通常被称作非完整系统的非等时变分方程.

3.4.3 非完整系统非等时变分方程的特解与其第一积分的联系

我们现在研究非等时变分方程(3.4.16)和(3.4.17)的解与其第一积分的联系，如果系统有形如下面的一个第一积分

$$\phi(t,\ q_s,\ p_s)=\mathrm{const}\quad (s=1,\ 2,\ \cdots,\ n), \tag{3.4.18}$$

文献[99]曾给出有关非完整系统第一积分的二组重要关系

$$\frac{\mathrm{d}}{\mathrm{d}t}\left(\frac{\partial\phi}{\partial p_s}\right)=\left(\frac{\partial H}{\partial p_s},\ \phi\right)-\sum_{k=1}^{n}\frac{\partial\phi}{\partial p_k}\frac{\partial\widetilde{\Lambda}_k}{\partial p_s}\quad (s=1,\ 2,\ \cdots,\ n), \tag{3.4.19}$$

$$\frac{\mathrm{d}}{\mathrm{d}t}\left(\frac{\partial\phi}{\partial q_s}\right)=\left(\frac{\partial H}{\partial q_s},\ \phi\right)-\sum_{k=1}^{n}\frac{\partial\phi}{\partial p_k}\frac{\partial\widetilde{\Lambda}_k}{\partial q_s}\quad (s=1,\ 2,\ \cdots,\ n), \tag{3.4.20}$$

其中 $(*,\ *')$ 是 Poisson 括号，即

$$(*,\ *')=\sum_{k=1}^{n}\frac{\partial *}{\partial q_k}\frac{\partial *'}{\partial p_k}-\sum_{k=1}^{n}\frac{\partial *}{\partial p_k}\frac{\partial *'}{\partial q_k}.$$

假设方程(3.4.16)和(3.4.17)有下面形式的解

$$\Delta q_s=\varepsilon\frac{\partial\phi}{\partial p_s}+\varepsilon A_s(t,\ q_k,\ p_k)+\varepsilon\frac{\partial H}{\partial p_s}\frac{\partial\phi}{\partial t}\quad (s,\ k=1,\ 2,\ \cdots,\ n), \tag{3.4.21}$$

$$\Delta p_s=-\varepsilon\frac{\partial\phi}{\partial q_s}+\varepsilon B_s(q,\ p,\ t)+\varepsilon\left(\widetilde{\Lambda}_s-\frac{\partial H}{\partial q_s}\right)\frac{\partial\phi}{\partial t}\quad (s,\ k=1,\ 2,\ \cdots,\ n), \tag{3.4.22}$$

其中 ε 是一个小参数，将(3.4.21)和(3.4.22)分别代入(3.4.16)和(3.4.17)，利用关系(3.4.19)和(3.4.20)，我们可得到

$$\varepsilon\frac{\mathrm{d}A_s}{\mathrm{d}t}=\varepsilon\left(\sum_{k=1}^{n}\frac{\partial^2 H}{\partial p_s\partial q_k}A_k+\sum_{k=1}^{n}\frac{\partial^2 H}{\partial p_s\partial p_k}B_k\right)+\frac{\partial^2 H}{\partial p_s\partial t}\left(\Delta t-\varepsilon\frac{\partial\phi}{\partial t}\right)+\frac{\partial H}{\partial p_s}\frac{\mathrm{d}}{\mathrm{d}t}\left(\Delta t-\varepsilon\frac{\partial\phi}{\partial t}\right)+\varepsilon\sum_{k=1}^{n}\frac{\partial\phi}{\partial p_k}\frac{\partial\tilde{\Lambda}_k}{\partial p_s}\quad(s=1,2,\cdots,n),\tag{3.4.23}$$

$$\varepsilon\frac{\mathrm{d}B_s}{\mathrm{d}t}=\varepsilon\left(\sum_{k=1}^{n}\frac{\partial}{\partial q_k}\left(\tilde{\Lambda}_s-\frac{\partial H}{\partial q_s}\right)A_k+\sum_{k=1}^{n}\frac{\partial}{\partial p_k}\left(\tilde{\Lambda}_s-\frac{\partial H}{\partial q_s}\right)B_k\right)+\varepsilon\left((\tilde{\Lambda}_s,\phi)-\sum_{k=1}^{n}\frac{\partial\phi}{\partial p_k}\frac{\partial\tilde{\Lambda}_s}{\partial q_s}\right)+\frac{\partial}{\partial t}\left(\tilde{\Lambda}_s-\frac{\partial H}{\partial q_s}\right)\left(\Delta t-\varepsilon\frac{\partial\phi}{\partial t}\right)+\left(\tilde{\Lambda}_s-\frac{\partial H}{\partial q_s}\right)\frac{\mathrm{d}}{\mathrm{d}t}\left(\Delta t-\varepsilon\frac{\partial\phi}{\partial t}\right)\quad(s=1,2,\cdots,n),\tag{3.4.24}$$

方程(3.4.23)和(3.4.24)是确定 A_s，$B_s(s=1,2,\cdots,n)$ 的微分方程，如果我们能够求出它们的解，则非等时变分方程(3.4.16)和(3.4.17)的解可以由(3.4.21)和(3.4.22)两式给出. 然而，一般来说求方程(3.4.23)和(3.4.24)的通解是非常困难的.

作为特殊情况，我们可以研究变分方程的特解与其第一积分的关系. 对非完整系统，如果广义力 $\tilde{\Lambda}_s$ 和第一积分 ϕ 满足下列条件

$$\sum_{k=1}^{n}\frac{\partial\phi}{\partial p_k}\frac{\partial\tilde{\Lambda}_k}{\partial p_s}=0\quad(s=1,2,\cdots,n),\tag{3.4.25}$$

$$(\tilde{\Lambda}_s,\phi)-\sum_{k=1}^{n}\frac{\partial\phi}{\partial p_k}\frac{\partial\tilde{\Lambda}_k}{\partial q_s}=0\quad(s=1,2,\cdots,n),\tag{3.4.26}$$

则方程(3.4.23)和(3.4.24)可被改写成下面的形式

$$\varepsilon \frac{\mathrm{d}A_s}{\mathrm{d}t} = \varepsilon\left(\sum_{k=1}^{n} \frac{\partial^2 H}{\partial p_s \partial q_k} A_k + \sum_{k=1}^{n} \frac{\partial^2 H}{\partial p_s \partial p_k} B_k\right) + \frac{\partial^2 H}{\partial p_s \partial t}\left(\Delta t - \varepsilon \frac{\partial \phi}{\partial t}\right) + \frac{\partial H}{\partial p_s} \frac{\mathrm{d}}{\mathrm{d}t}\left(\Delta t - \varepsilon \frac{\partial \phi}{\partial t}\right) \quad (s = 1, 2, \cdots, n), \tag{3.4.27}$$

$$\varepsilon \frac{\mathrm{d}B_s}{\mathrm{d}t} = \varepsilon\left(\sum_{k=1}^{n} \frac{\partial}{\partial q_k}\left(\tilde{\Lambda}_s - \frac{\partial H}{\partial q_s}\right) A_k + \sum_{k=1}^{n} \frac{\partial}{\partial p_k}\left(\tilde{\Lambda}_s - \frac{\partial H}{\partial q_s}\right) B_k\right) + \frac{\partial}{\partial t}\left(\tilde{\Lambda}_s - \frac{\partial H}{\partial q_s}\right)\left(\Delta t - \varepsilon \frac{\partial \phi}{\partial t}\right) + \left(\tilde{\Lambda}_s - \frac{\partial H}{\partial q_s}\right) \frac{\mathrm{d}}{\mathrm{d}t}\left(\Delta t - \varepsilon \frac{\partial \phi}{\partial t}\right) \quad (s = 1, 2, \cdots, n). \tag{3.4.28}$$

由3.2节我们知道 Δt 可以任意地选取，为了使下面的计算方便，可以令 $\Delta t = \varepsilon \frac{\partial \phi}{\partial t}$，这样方程(3.4.27)和(3.4.28)可以被写成

$$\frac{\mathrm{d}A_s}{\mathrm{d}t} = \sum_{k=1}^{n} \frac{\partial^2 H}{\partial p_s \partial q_k} A_k + \sum_{k=1}^{n} \frac{\partial^2 H}{\partial p_s \partial p_k} B_k \quad (s = 1, 2, \cdots, n), \tag{3.4.29}$$

$$\frac{\mathrm{d}B_s}{\mathrm{d}t} = \sum_{k=1}^{n} \frac{\partial}{\partial q_k}\left(\tilde{\Lambda}_s - \frac{\partial H}{\partial q_s}\right) A_k + \sum_{k=1}^{n} \frac{\partial}{\partial p_k}\left(\tilde{\Lambda}_s - \frac{\partial H}{\partial q_s}\right) B_k \quad (s = 1, 2, \cdots, n). \tag{3.4.30}$$

很明显，方程(3.4.29)和(3.4.30)有下面的一个特解

$$A_s = B_s = 0 \quad (s = 1, 2, \cdots, n). \tag{3.4.31}$$

这样解(3.4.21)、(3.4.22)两式可以被写成

$$\Delta q_s = \varepsilon \frac{\partial \phi}{\partial p_s} + \varepsilon \frac{\partial H}{\partial p_s} \frac{\partial \phi}{\partial t} \quad (s = 1, 2, \cdots, n), \tag{3.4.32}$$

$$\Delta p_s = -\varepsilon \frac{\partial \phi}{\partial q_s} + \varepsilon\left(\tilde{\Lambda}_s - \frac{\partial H}{\partial q_s}\right)\frac{\partial \phi}{\partial t}$$
$$(s=1,2,\cdots,n). \tag{3.4.33}$$

上面的结果可被表述成下面的命题：

命题 如果非完整系统的广义力 $\tilde{\Lambda}_s$ 和第一积分 ϕ 满足条件(3.4.25)和(3.4.26)，且令 $\Delta t = \varepsilon \frac{\partial \phi}{\partial t}$，则系统的非等时变分方程(3.4.23)和(3.4.24)的特解可由(3.4.32)和(3.4.33)两式给出.

注：由(3.4.32)和(3.4.33)两式定义的，变量 $(q_1, q_2, \cdots, q_s; p_1, p_2, \cdots, p_n)$ 的无限小接触变换将系统的轨道族变成自身，按照群论的语言，这个无限小接触变换是该非完整系统的无限小对称变换.

对完整保守系统，$\tilde{\Lambda}_s = 0\ (s=1,2,\cdots,n)$，则方程(3.4.23)和(3.4.24)可以被简化成下面的形式

$$\varepsilon\frac{\mathrm{d}A_s}{\mathrm{d}t} = \varepsilon\left(\sum_{k=1}^{n}\frac{\partial^2 H}{\partial p_s \partial q_k}A_k + \sum_{k=1}^{n}\frac{\partial^2 H}{\partial p_s \partial p_k}B_k\right) + \frac{\partial^2 H}{\partial p_s \partial t}\left(\Delta t - \varepsilon\frac{\partial \phi}{\partial t}\right) + \frac{\partial H}{\partial p_s}\frac{\mathrm{d}}{\mathrm{d}t}\left(\Delta t - \varepsilon\frac{\partial \phi}{\partial t}\right)$$
$$(s=1,2,\cdots,n), \tag{3.4.34}$$

$$\varepsilon\frac{\mathrm{d}B_s}{\mathrm{d}t} = -\varepsilon\left(\sum_{k=1}^{n}\frac{\partial^2 H}{\partial q_s \partial q_k}A_k + \sum_{k=1}^{n}\frac{\partial^2 H}{\partial q_s \partial p_k}B_k\right) - \frac{\partial^2 H}{\partial q_s \partial t}\left(\Delta t - \varepsilon\frac{\partial \phi}{\partial t}\right) - \frac{\partial H}{\partial q_s}\frac{\mathrm{d}}{\mathrm{d}t}\left(\Delta t - \varepsilon\frac{\partial \phi}{\partial t}\right)$$
$$(s=1,2,\cdots,n). \tag{3.4.35}$$

与前面类似，令 $\Delta t = \varepsilon\frac{\partial \phi}{\partial t}$，这样方程(3.4.34)和(3.4.35)可被写成下面的形式

$$\frac{\mathrm{d}A_s}{\mathrm{d}t}=\sum_{k=1}^{n}\frac{\partial^2 H}{\partial p_s \partial q_k}A_k+\sum_{k=1}^{n}\frac{\partial^2 H}{\partial p_s \partial p_k}B_k$$
$$(s=1,2,\cdots,n), \tag{3.4.36}$$

$$\frac{\mathrm{d}B_s}{\mathrm{d}t}=-\sum_{k=1}^{n}\frac{\partial^2 H}{\partial q_s \partial q_k}A_k-\sum_{k=1}^{n}\frac{\partial^2 H}{\partial q_s \partial p_k}B_k$$
$$(s=1,2,\cdots,n). \tag{3.4.37}$$

很明显,方程(3.4.36)和(3.4.37)也有一个特解 $A_s=B_s=0$; $(s=1,2,\cdots,n)$,则解(3.4.21)、(3.4.22)两式可被改写成

$$\Delta q_s=\varepsilon\frac{\partial\phi}{\partial p_s}+\varepsilon\frac{\partial H}{\partial p_s}\frac{\partial\phi}{\partial t}\quad(s=1,2,\cdots,n), \tag{3.4.38}$$

$$\Delta p_s=-\varepsilon\frac{\partial\phi}{\partial q_s}-\varepsilon\frac{\partial H}{\partial q_s}\frac{\partial\phi}{\partial t}\quad(s=1,2,\cdots,n). \tag{3.4.39}$$

故,我们有下面的推论:

推论 对完整保守系统,如果令 $\Delta t=\varepsilon\frac{\partial\phi}{\partial t}$,则非等时变分方程(3.4.34)和(3.4.35)的特解可由(3.4.38)和(3.4.39)两式给出.

3.4.4 例子

考虑 Appell-Hamel 问题,系统的 Lagrangian 为

$$L=\frac{1}{2}m(\dot{q}_1^2+\dot{q}_2^2+\dot{q}_3^2)-mgq_3, \tag{3.4.40}$$

所受的约束为

$$f=\dot{q}_1^2+\dot{q}_2^2-\dot{q}_3^2=0. \tag{3.4.41}$$

下面我们来利用系统的第一积分来构造其非等时变分方程的特解,由方程(3.4.3)可得

$$m\ddot{q}_1=2\lambda\dot{q}_1, \tag{3.4.42}$$

$$m\ddot{q}_2 = 2\lambda\dot{q}_2, \tag{3.4.43}$$

$$m\ddot{q}_3 = -mg - 2\lambda\dot{q}_3. \tag{3.4.44}$$

利用方程(3.4.41)～(3.4.44),我们可以解出 λ 如下:

$$\lambda = -\frac{mg}{4\dot{q}_3}. \tag{3.4.45}$$

因此,我们有

$$\tilde{\Lambda}_1 = -\frac{1}{2}mg\frac{p_1}{p_3}, \tag{3.4.46}$$

$$\tilde{\Lambda}_2 = -\frac{1}{2}mg\frac{p_2}{p_3}, \tag{3.4.47}$$

$$\tilde{\Lambda}_3 = \frac{1}{2}mg. \tag{3.4.48}$$

对系统的一个第一积分

$$\phi = m\dot{q}_3 + \frac{1}{2}mgt, \tag{3.4.49}$$

我们有

$$\frac{\partial\phi}{\partial q_k} = 0 \quad (k = 1, 2, 3), \tag{3.4.50}$$

$$\frac{\partial\phi}{\partial p_1} = \frac{\partial\phi}{\partial p_2} = 0; \quad \frac{\partial\phi}{\partial p_3} = 1. \tag{3.4.51}$$

很容易验证下面的条件成立

$$\sum_{k=1}^{3}\frac{\partial\phi}{\partial p_k}\frac{\partial\tilde{\Lambda}_k}{\partial p_s} = 0 \quad (s = 1, 2, 3), \tag{3.4.52}$$

$$(\tilde{\Lambda}_s, \phi) - \sum_{k=1}^{3} \frac{\partial \phi}{\partial p_k} \frac{\partial \tilde{\Lambda}_k}{\partial q_s} = 0 \quad (s = 1, 2, 3). \tag{3.4.53}$$

令

$$\Delta t = \varepsilon \frac{\partial \phi}{\partial t}. \tag{3.4.54}$$

则非等时变分方程的特解可写成下面的形式

$$\Delta q_s = \varepsilon \frac{\partial \phi}{\partial p_s} + \varepsilon \frac{\partial H}{\partial p_s} \frac{\partial \phi}{\partial t} \quad (s = 1, 2, 3), \tag{3.4.55}$$

$$\Delta p_s = -\varepsilon \frac{\partial \phi}{\partial q_s} + \varepsilon \left(\tilde{\Lambda}_s - \frac{\partial H}{\partial q_s} \right) \frac{\partial \phi}{\partial t} \quad (s = 1, 2, 3). \tag{3.4.56}$$

即有

$$\Delta t = \frac{1}{2} mg; \tag{3.4.57}$$

$$\Delta q_1 = \frac{1}{2} \varepsilon mg \dot{q}_1, \ \Delta q_2 = \frac{1}{2} \varepsilon mg \dot{q}_2,$$

$$\Delta q_3 = \varepsilon (1 + \frac{1}{2} mg \dot{q}_3); \tag{3.4.58}$$

$$\Delta p_1 = -\frac{1}{4} \varepsilon m^2 g^2 \frac{\dot{q}_1}{\dot{q}_3}, \ \Delta p_2 = -\frac{1}{4} \varepsilon m^2 g^2 \frac{\dot{q}_2}{\dot{q}_3},$$

$$\Delta p_3 = -\frac{1}{4} \varepsilon m^2 g^2. \tag{3.4.59}$$

这就是 Appell-Hamel 问题的非等时变分方程对应第一积分(3.4.49)的特解.

注：很容易验证上面 Appell-Hamel 问题的非等时变分方程的解(3.4.57)～(3.4.59)是下面 Lie 对称确定方程的解

$$\dot{\xi}_s - \dot{\tau} g_s = X^{(0)}(g_s) \quad (s=1,2,3), \tag{3.4.60}$$

$$\dot{\eta}_s - \dot{\tau} h_s = X^{(0)}(h_s) \quad (s=1,2,3). \tag{3.4.61}$$

其中

$$g_s = \frac{\partial H}{\partial p_s} \quad (s=1,2,3); \tag{3.4.62}$$

$$h_s = -\frac{\partial H}{\partial q_s} + \widetilde{\Lambda}_s \quad (s=1,2,3); \tag{3.4.63}$$

$$X^{(0)} = \tau\frac{\partial}{\partial t} + \xi_1\frac{\partial}{\partial q_1} + \xi_2\frac{\partial}{\partial q_2} + \xi_3\frac{\partial}{\partial q_3} + \eta_1\frac{\partial}{\partial p_1} + \eta_2\frac{\partial}{\partial p_2} + \eta_3\frac{\partial}{\partial q_3}. \tag{3.4.64}$$

可见,利用系统的第一积分来求其非等时变分方程解的过程,可作为求解动力学系统 Lie 对称逆问题的一个有效途径.

3.4.5 结论

在这一节中,我们研究了非完整系统的非等时变分方程和它们的解,得到了一个定理,定理指出在某些条件下,非完整系统的非等时变分方程的特解可以利用其第一积分得到. 而这个利用系统的第一积分来求其非等时变分方程解的方法,可作为求解动力学系统 Lie 对称逆问题的一个实用的方法.

3.5 小结

本章研究了动力学系统 Lie 对称性与守恒量的逆问题,分三个部分: (1) 对于一阶非完整约束系统,首先利用它的函数独立的完全第一积分集和约束方程(视作系统的特殊的第一积分)来确定系统的特征函数结构 $Z(t, \boldsymbol{q}, \dot{\boldsymbol{q}})$, 再利用 $Z(t, \boldsymbol{q}, \dot{\boldsymbol{q}})$ 来求系统的无限小对称变

换 $\tau(t, \boldsymbol{q}, \dot{\boldsymbol{q}})$ 和 $\xi_s(t, \boldsymbol{q}, \dot{\boldsymbol{q}})$；(2) 对于 Birkhoff 系统，可首先利用它的函数独立的完全运动常数集来确定系统的特征函数结构 $Z(t, \boldsymbol{a})$，再利用 $Z(t, \boldsymbol{a})$ 来求系统的无限小对称变换 $\tau(t, \boldsymbol{a})$ 和 $\xi_\mu(t, \boldsymbol{a})$；(3) 研究了非完整系统的第一积分与其非等时变分方程特解的联系，得到了一个定理，定理指出：在某些条件下，非完整系统的非等时变分方程的特解可以利用其第一积分得到. 而这个利用非完整系统的第一积分来求其非等时变分方程特解的方法，可作为求解非完整力学系统 Lie 对称逆问题的一个实用方法；并给出以上问题的应用例子.

可以预言：我们在第四节中所给出的解非完整系统的 Lie 对称性逆问题的方法，完全可以被应用来求其他动力学系统的 Lie 对称性的逆问题.

第四章　位型空间离散力学系统的对称性与第一积分

4.1　引言

最近几年，离散力学已经变成一个非常活跃的研究领域，研究人员对它的兴趣有增无减，这主要是由于离散力学有下面的两个方面的优点. 一方面利用离散力学，我们可以构造系统的算法，即所谓的力学积分子(这些力学积分子，具有保持原来系统的辛结构、保持能量映射或保持动量映射的性质)，在许多情况下，这些算法比一些传统的算法具有更好的结果. 另一方面，在连续情况下力学系统所具有的许多几何性质，在离散力学中也相应地存在. 在很多情况下，我们在解释由离散力学导出的积分子具有良好的特性时，离散模型的几何性质起着关键的作用. 离散力学的两方面性质的相互作用，使其成为一个非常有前途的研究领域.

有一些数值积分方法[189]，它们能够保持力学系统的一些不变量. 1983 年，著名的物理学家李政道提出[140-142]：将时间看作一个动力学变量，让其与空间变量一样被离散化，对保守系统不仅可以得到离散的动量守恒，而且还可以得到离散的能量守恒. 2001 年，Marsden[190]基于 Veselov[143-145]的离散力学变分原理，导出了几个不同力学系统的积分子. 然而，上面的两个方法由于定义离散的 Legendre 变换，仅能讨论离散的 Lagrange 力学. 我国物理学家郭汉英首次提出差分变分方法[159-167]，不仅可以研究 Lagrange 力学，同时也可以处理 Hamilton 力学和经典场理论. 这些离散积分方法通常比一些传统的方法有更好的计算效率和长期跟踪性质.

在数值计算的过程中,人们普遍认为：离散系统应该是对应连续系统的离散复本. 然而,为了有效地离散连续系统,往往需要一个指导思想. 1984年,我国著名的数学家冯康[147]曾给出一个离散连续系统的一个准则,即在离散原来的连续系统时,我们应该尽可能多地保留原系统的固有性质. 这个准则后来成为各种保结构算法的一个纲领.

考虑到上面提到的各种算法,主要侧重于要保持系统的辛结构、要保持能量映射和保持动量映射等. 在本章中,我们将在连续情况里人们已经研究得比较成熟的Noether对称性和不变量理论推广至离散情况,分别研究离散非保守系统和离散非完整系统的离散对称性和第一积分,并进一步讨论了Hamilton形式的离散Noether理论.

4.2 非保守系统的离散变分原理与第一积分

4.2.1 引言

动力学系统的对称性问题是现代物理学领域中的一个重要课题. 由于系统的对称性与其不变量(第一积分)紧密相关,因此动力学系统的对称性在积分运动方程时是一个强有力的工具,长期以来一直受到数学家、力学家和物理学家的关注. 如今动力学系统的不变量已被广泛应用在各种不同的数学物理方程的数值求解中. 例如：在经典动力学中我们可以利用系统的不变量来设计差分计划以提高数值解的精度[101]. 再如：对于一些常微分方程组需要进行大范围、长时间的数值求解时,系统的不变量常常被用来检查数值解的精度以减小误差[102]. 因此人们非常希望能够将在连续情况下寻找不变量的一些成功方法应用到离散情况.

1970年, Cadzow[132]首先研究了一个自由度的离散变分学问题,明确指出：离散变分的基本思想就是从所有的有限序列 $\{q_k\}$, $k=M-1, M, \cdots, N$ 中挑选出一个序列使下面的和取极值

$$J\{q_k\} = \sum_{k=M}^{N} F(k, q_k, q_{k-1}), \tag{4.2.1}$$

其中 $F(x, y, z)$ 是一个具有连续导数 F_y 和 F_z 的已知函数. 使 J 取极值 的一个必要条件是 $\{q_k\}$ 满足下面的二阶差分方程

$$F_y(k, q_k, q_{k-1}) + F_z(k+1, q_{k+1}, q_k) = 0 \quad (k = M, \cdots, N-1), \tag{4.2.2}$$

其中我们表示

$$F_y(k, q_k, q_{k-1}) = \left.\frac{\partial F(x, y, z)}{\partial y}\right|_{x=y,\, y=q_k,\, z=q_{k-1}},$$

和

$$F_z(k+1, q_{k+1}, q_k) = \left.\frac{\partial F(x, y, z)}{\partial z}\right|_{x=k+1,\, y=q_{k+1},\, z=q_k},$$

方程(4.2.2)被称为 Euler-Lagrange 方程.

1973 年，Logan[133] 通过研究 $F(x, y, z)$ 在无限小变换下的不变性,得到了方程(4.2.2)的第一积分,将 Noether 定理从连续情况推广到离散情况,并进一步研究了多自由度和高阶问题. 1981 年, Maeda[138] 在连续对称情况下构造了离散时间系统的运动常数.

鉴于上面提到的构造第一积分的定理是对离散未受约束的保守动力学系统而言,2001 年,Marsden 和 West [190] 给出了离散完整系统的 Noether 定理. 在这一节,我们将通过研究离散 Lagrange 函数的广义不变性,进一步讨论离散非保守系统的第一积分. 为了后面讨论的需要,先回顾一下差分算子的有关知识.

4.2.2 差分算子的预备知识

关于差分算子和它伴随的 Lagrange 等式,在讨论离散变分公式的时候起着非常重要的作用. Miller 在他的专著[191] 曾详细地讨论过伴随差分算子,在这里我们仅仅回顾：在一维情形下的一些重要的定

义和我们在下面的讨论中要用到的一些结果. 一个 p 阶线性差分算子O可由下面的式子给出

$$O = a_0(k)R^0 + a_1(k)R^1 + \cdots + a_p(k)R^p, \tag{4.2.3}$$

其中R由下式定义

$$R^q r_k = r_{k-q}. \tag{4.2.4}$$

是延迟算子,其中系数 $a_i(k)$, $0 \leqslant i \leqslant p$, 是定义在 I_{p+m} 上,而 $m \in I = \{$整数$\}$.

如果差分算子O是p阶,则要求有下面的(4.2.5)式成立

$$a_0(k)a_p(k) \neq 0, \quad k \in I_{p+m}, \tag{4.2.5}$$

类似普通的线性微分算子,伴随差分算子O^*可被定义如下:

定义 4.2.1 如果差分算子O由(4.2.3)式给出,则其伴随差分算子O^*为

$$O^*_{\cdot} = a_0^*(k)R^0 + a_1^*(k)R^1 + \cdots + a_p^*(k)R^p, \tag{4.2.6}$$

其中 $a_i^*(k) = a_{p-i}(k+p-i)$, $0 \leqslant i \leqslant p$, $k \in I_{p+m}$.

显然,根据(4.2.5)式,O的伴随差分算子O^*也是p阶的

$$a_0^*(k)a_p^*(k) = a_p(k+p)a_0(k) \neq 0,\ k \in I_{p+m}. \tag{4.2.7}$$

离散版本的 Lagrange 等式可由下面的命题 4.2.1 给出.

命题 4.2.1 如果O和O^*分别由方程(4.2.3)和(4.2.6)定义,且 x_k 和 y_k 是定义在域 I_m 上,则

$$y_k O x_k - x_k O^* y_{k+p} = \Delta B(x_k, y_k),\ k \in I_{m+p}, \tag{4.2.8}$$

其中

$$B(x_k, y_k) = -\sum_{i=1}^{p}\sum_{j=1}^{i} y_{k-j+i}x_{k-j}a_i(k-j+i), \tag{4.2.9}$$

Δ是差分算子, $\Delta r_k = r_{k+1} - r_k$.

方程(4.2.8)通常被称离散 Lagrange 等式，$B(x_k, y_k)$ 称为离散 Lagrange 双线性伴随. 方程(4.2.8)提供了一个离散的积分技巧，类似于经典变分学中非常重要的分部积分法，也就是，利用这个技巧我们可以分离出变分导数，同时也将产生某些边界项，而这些变分导数和边界项将分别给出离散的运动方程和第一积分.

4.2.3 非保守系统离散运动方程

对非保守系统，在连续情况下其积分形式的 Lagrange-D'Alembert 原理为[192-193]

$$\delta\int L[t, q(t), \dot{q}(t)]\mathrm{d}t + \int Q''[t, q(t), \dot{q}(t)]\delta q\,\mathrm{d}t = 0, \tag{4.2.10}$$

其中 $L = T - V$, $Q = Q' + Q''$, $Q' = -\dfrac{\partial V}{\partial q}$ 是广义保守力，Q'' 是广义非保守力.

我们定义离散 Lagrange-D'Alembert 原理为

$$\sum_{k=M}^{N}\delta L_d(q_{k-1}, q_k, k) + \sum_{k=M}^{N}Q''_d(q_{k-1}, q_k, k)\delta q_k = 0. \tag{4.2.11}$$

其中 $L_d(q_{k-1}, q_k, k)$ 是离散 Lagrangian，$Q''_d(q_{k-1}, q_k, k)$ 是离散广义非保守力.

命题 4.2.2 对 Lagrangian 为 $L(q, \dot{q}, t)$，广义非保守力为 $Q''(q, \dot{q}, t)$ 的非保守系统，利用原理(4.2.11)，其离散的 Euler-Lagrange 方程可以被导出如下：

$$\frac{\partial L_d(q_{k-1}, q_k, k)}{\partial q_k} + \frac{\partial L_d(q_k, q_{k+1}, k+1)}{\partial q_k} + Q''_d(q_{k-1}, q_k, k) = 0$$
$$(k = M, \cdots, N-1). \tag{4.2.12}$$

证明 由方程(4.2.11)，我们有

$$\sum_{k=M}^{N}\left[\frac{\partial L_d(q_{k-1},q_k,k)}{\partial q_{k-1}}\delta q_{k-1}+\frac{\partial L_d(q_{k-1},q_k,k)}{\partial q_k}\delta q_k\right]+\sum_{k=M}^{N}Q''_d(q_{k-1},q_k,k)\delta q_k$$
$$=\sum_{k=M}^{N-1}\left[\frac{\partial L_d(q_{k-1},q_k,k)}{\partial q_k}+\frac{\partial L_d(q_k,q_{k+1},k+1)}{\partial q_k}\right]\delta q_k+\sum_{k=M}^{N-1}Q''_d(q_{k-1},q_k,k)\delta q_k=0, \tag{4.2.13}$$

在上面的推导中,我们利用了离散的分部积分法(即重新安排求和)和条件 $\delta q_{M-1}=\delta q_N=0$. 对任意的 δq_k，如果要求方程(4.2.13)等于零,则我们可以得到离散的 Euler-Lagrange 方程(4.2.12).

为了以后的方便,方程(4.2.12)可以被写成下面的形式

$$D_2L_d(q_{k-1},q_k,k)+D_1L_d(q_k,q_{k+1},k+1)+Q''_d(q_{k-1},q_k,k)=0,\quad (k=M,\cdots,N-1) \tag{4.2.14}$$

其中

$$D_2L_d(q_{k-1},q_k,k)=\frac{\partial L_d(q_{k-1},q_k,k)}{\partial q_k},$$

和

$$D_1L_d(q_k,q_{k+1},k+1)=\frac{\partial L_d(q_k,q_{k+1},k+1)}{\partial q_k}.$$

4.2.4 离散非保守系统的第一积分

在经典变分学中,1918 年,Noether[6]研究了 Hamilton 作用量在广义坐标和时间的无限小变换下的不变性质,并指出：每一个对称性

都与系统的一个不变量相联系. 1975 年南斯拉夫学者 Djukić 和 Vujanović[15] 等人将 Noether 理论推广到无限小变换包含广义速度的情形,从而解决了完整非保守系统的对称性与不变量问题.

本节我们作了一个类似于连续情况的讨论,通过直接研究离散拉格朗日函数 $L_d(q_{k-1}, q_k, k)$ 的不变性,给出了一个寻找非保守系统的离散 Euler-Lagrange 方程第一积分的一个方法.

对离散的广义坐标,我们引入下面的无限小变换

$$q_k^* = q_k + \varepsilon u_k, \quad (k = M, \cdots, N-1) \tag{4.2.15}$$

其中 ε 是一个参数, $u_k = u(q_k, k)$ 是一个依赖 k 和 $q_k (k = M, \cdots, N-1)$ 的序列.

定义 4.2.2 如果存在一个序列 $v(q_{k-1}, q_k, k)$, $k = M, \cdots, N-1$, 对每一个 k 有下式

$$\delta L_d[\varepsilon u(q_k, k)] = \varepsilon[\Delta v(q_{k-1}, q_k, k) - Q''_d(q_{k-1}, q_k, k)u(q_k, k)], \tag{4.2.16}$$

成立,其中 δL_d 由下面的公式给出[133]

$$\delta L_d(\delta q_k) = [D_2 L_d(q_{k-1}, q_k, k) + D_1 L_d(q_k, q_{k+1}, k+1)]\delta q_k + \Delta[-\delta q_{k-1} D_1 L_d(q_{k-1}, q_k, k)], \tag{4.2.17}$$

其中 Δ 是差分算子, 即 $\Delta q_k = q_{k+1} - q_k$, 则我们称离散 Lagrangian $L_d(Rq_k, q_k, k)$ 相对无限小变换(4.2.15)是广义差分不变.

基于离散 Lagrange-D'Alembert 原理, 我们可以提出下面的命题 4.2.3.

命题 4.2.3 对无限小变换(4.2.15),如果离散 Lagrangian $L_d(Rq_k, q_k, k)$ 是广义差分不变,并且方程(4.2.14)成立,则

$$u(q_{k-1}, k-1)D_1 L_d(q_{k-1}, q_k, k) + v(q_{k-1}, q_k, k) = \text{const.} \quad (k = M, \cdots, N-1) \tag{4.2.18}$$

证明 由方程(4.2.16)和(4.2.17),我们有

$$\begin{aligned}&[D_2L_d(q_{k-1}, q_k, k)+D_1L_d(q_k, q_{k+1}, k+1)+\\&\quad Q''_d(q_{k-1}, q_k, k)]\varepsilon u(q_k, k)+\\&\Delta[-\varepsilon u(q_{k-1}, k-1)D_1L_d(q_{k-1}, q_k, k)]=\varepsilon\Delta v(q_{k-1}, q_k, k).\end{aligned}$$

利用方程(4.2.14),经简化后,我们可以得到

$$\Delta[u(q_{k-1}, k-1)D_1L_d(q_{k-1}, q_k, k)+v(q_{k-1}, q_k, k)]=0,$$

故方程(4.2.18)成立. 命题4.2.3获证.

方程(4.2.18)是一个一阶差分关系,表明它是二阶离散 Euler-Lagrange 方程(4.2.14)的一个第一积分.

4.2.5 多自由度离散非保守系统的第一积分

下面,我们将进一步讨论多自由度非保守系统的离散运动方程的第一积分,更具体地说,就是研究 $L_d(Rq_k^1, \cdots, Rq_k^n, q_k^1, \cdots, q_k^n, k)$ 在下面无限小变换下的不变性

$$\begin{cases}q_k^{1*}=q_k^1+\varepsilon u^1(q_k^1, q_k^2, \cdots, q_k^n, k),\\ \qquad\cdots\cdots\\ q_k^{n*}=q_k^n+\varepsilon u^n(q_k^1, q_k^2, \cdots, q_k^n, k),\end{cases}\tag{4.2.19}$$

为了下面的方便,我们引入下面的记号

$$\bar{q}_k=\{q_k^1, q_k^2, \cdots, q_k^n\},$$

和

$$R\bar{q}_k=\{Rq_k^1, Rq_k^2, \cdots, Rq_k^n\}.$$

对多自由度非保守系统,类似于前面的讨论,我们首先定义离散 Lagrange-D'Alembert 原理如下(在下面的讨论中我们使用了爱因斯坦的求和约定)

$$\begin{aligned}&\sum_{k=M}^{N}\delta L_d(\bar{q}_{k-1}, \bar{q}_k, k)+\\&\sum_{k=M}^{N}Q''_{d,s}(\bar{q}_{k-1}, \bar{q}_k, k)\delta q_{s,k}=0.\end{aligned}\tag{4.2.20}$$

基于原理(4.2.20),我们可以导出下面的离散运动方程

$$D_2L_{d,s}(\bar{q}_{k-1}, \bar{q}_k, k)+D_1L_{d,s}(\bar{q}_k, \bar{q}_{k+1}, k+1)+ Q''_{d,s}(\bar{q}_{k-1}, \bar{q}_k, k)=0$$
$$(k=M, \cdots, N-1;\ s=1, 2, \cdots, n). \tag{4.2.21}$$

定义 4.2.3 如果存在一个序列 $v(\bar{q}_{k-1}, \bar{q}_k, k)$, $k=M, \cdots, N-1$. 对每一个 k 有下式

$$\delta L_d[\varepsilon u^s(\bar{q}_k, k)]=\varepsilon[\Delta v(\bar{q}_{k-1}, \bar{q}_k, k)- Q''_{d,s}(\bar{q}_{k-1}, \bar{q}_k, k)u^s(\bar{q}_k, k)], \tag{4.2.22}$$

成立,其中 δL_d 由下面的公式给出[133]

$$\delta L_d(\delta\bar{q}_k)=[D_2L_{d,s}(\bar{q}_{k-1}, \bar{q}_k, k)+ D_1L_{d,s}(\bar{q}_k, \bar{q}_{k+1}, k+1)]\delta q_{s,k}+ \Delta[-\delta q_{s,k-1}D_1L_{d,s}(\bar{q}_{k-1}, \bar{q}_k, k)]$$
$$(k=M, \cdots, N-1;\ s=1, 2, \cdots, n). \tag{4.2.23}$$

则离散 Lagrangian $L_d(R\bar{q}_k, \bar{q}_k, k)$ 相对无限小变换(4.2.19)是广义差分不变.

有关方程(4.2.21)的第一积分,我们有下面的命题 4.2.4.

命题 4.2.4 如果 $L_d(R\bar{q}_k, \bar{q}_k, k)$ 相对无限小变换(4.2.19)是广义差分不变,且方程(4.2.21)成立,则

$$\sum_{s=1}^{n}u^s(\bar{q}_{k-1}, k-1)D_1L_{d,s}(\bar{q}_{k-1}, \bar{q}_k, k)+v(\bar{q}_{k-1}, \bar{q}_k, k)=\text{const}$$
$$(k=M, \cdots, N-1). \tag{4.2.24}$$

证明 由方程(4.2.22)和(4.2.23),我们有

$$\sum_{s=1}^{n}[D_2L_{d,s}(\bar{q}_{k-1}, \bar{q}_k, k)+D_1L_{d,s}(\bar{q}_k, \bar{q}_{k+1}, k+1)+ Q^n_{d,s}(\bar{q}_{k-1}, \bar{q}_k, k)]\varepsilon u^s(\bar{q}_k, k)+$$

$$\Delta\Big[-\varepsilon\sum_{s=1}^{n}u^{s}(\bar{q}_{k-1},k-1)D_1L_{d,s}(\bar{q}_{k-1},\bar{q}_k,k)\Big]$$
$$=\varepsilon\Delta v(\bar{q}_{k-1},\bar{q}_k,k).$$

利用方程(4.2.21)并经过化简可以得到

$$\Delta[\sum_{s=1}^{n}u^{s}(\bar{q}_{k-1},k-1)D_1L_{d,s}(\bar{q}_{k-1},\bar{q}_k,k)+v(\bar{q}_{k-1},\bar{q}_k,k)]=0,$$

故方程(4.2.24)成立.

4.2.6 例子

下面我们通过一个例子,来说明前面各节的理论的应用.

考虑一个非保守系统,其离散的 Lagrangian 为

$$L_d=\frac{1}{2}m_k(q_k-q_{k-1})^2, \tag{4.2.25}$$

受到一个离散的非保守力的作用

$$Q''_d=q_k-q_{k-1}, \tag{4.2.26}$$

其中 $m_1,\cdots,m_N$ 是给定的常数. 则作用量和是

$$J=\sum_{k=1}^{N}\frac{1}{2}m_k(q_k-q_{k-1})^2. \tag{4.2.27}$$

由方程(4.2.14),其系统的离散 Euler-Lagrange 方程为

$$m_k(q_k-q_{k-1})-m_{k+1}(q_{k+1}-q_k)+(q_k-q_{k-1})=0. \tag{4.2.28}$$

直接验证表明

$$L_d(Rq_k,q_k,k)=\frac{1}{2}m_k(q_k-Rq_k)^2,$$

相对下面的无限小变换

$$q_k^* = q_k + \varepsilon, \tag{4.2.29}$$

是广义差分不变(其中 $v = q_{k-1}$). 因此,由命题 4.2.3,我们立即可以获得一个第一积分

$$D_1 L_d(q_{k-1}, q_k, k) + v(q_{k-1}, q_k, k) = \text{const},$$

或

$$-m_k(q_k - q_{k-1}) + q_{k-1} = \text{const}. \tag{4.2.30}$$

4.2.7 结论

首先,基于离散 Lagrange-D'Alembert 原理,我们导出非保守系统的离散运动方程,接着我们给出离散 Lagrange 函数广义不变性的一个定义,进而提出一个关于离散非保守系统第一积分定理,并且进一步研究了多自由度非保守系统离散运动方程的第一积分.

4.3 非完整系统的离散变分原理与第一积分

4.3.1 引言

正如 2.2 节所说的,在我们的日常生活和工程实际中存在许多非完整系统,研究非完整系统的算法具有重要的实际意义,一直受到人们的关注[157]. 在这一节,我们将在连续情况下人们研究非完整系统 Noether 对称性和不变量的思路应用于离散情况,讨论非完整系统的离散版本的 Noether 定理.

4.3.2 一阶线性非完整系统的离散运动方程

在本节,我们将给出非完整系统的离散版本的 Lagrange-D'Alembert 原理,在此之前,我们首先回顾一下连续情形的 Lagrange-D'Alembert 原理.

考虑一个力学系统,它的位型由 n 个广义坐标 $q_s(s = 1, 2, \cdots, n)$

确定,它的运动受到下面 g 个理想的一阶线性非完整约束

$$\omega_{\beta, s}(t, q_1, q_2, \cdots, q_n)\dot{q}_s = 0$$
$$(\beta = 1, 2, \cdots, g;\ s = 1, 2, \cdots, n). \tag{4.3.1}$$

则系统的运动方程可被写成下面的形式[174]

$$\frac{\mathrm{d}}{\mathrm{d}t}\frac{\partial L}{\partial \dot{q}_s} - \frac{\partial L}{\partial q_s} - \lambda_\beta \omega_{\beta, s} = 0$$
$$(\beta = 1, 2, \cdots, g;\ s = 1, 2, \cdots, n). \tag{4.3.2}$$

其中 L 是 Lagrangian, λ_β 是约束乘子.

方程(4.3.2)在一些条件下可以被看作完整系统,其中方程(4.3.1)被看作方程(4.3.2)的一个特殊的第一积分,在积分运动微分方程之前,可以先解出约束乘子 λ_β, 将其表示为变量 t, q_s, $\dot{q}_s$ 的显函数[174]. 这样方程(4.3.2)可以被写成

$$\frac{\mathrm{d}}{\mathrm{d}t}\frac{\partial L}{\partial \dot{q}_s} - \frac{\partial L}{\partial q_s} - \Lambda_s = 0 \quad (s = 1, 2, \cdots, n), \tag{4.3.3}$$

其中

$$\Lambda_s = \Lambda_s(\bar{q}, \dot{q}_k, t) = \lambda_\beta(t, \bar{q}, \dot{\bar{q}})\omega_{\beta, s}(t, \bar{q})$$
$$(\beta = 1, 2, \cdots, g;\ s = 1, 2, \cdots, n). \tag{4.3.4}$$

方程(4.3.3)被称为与非完整系统(4.3.1)、(4.3.2)相应的完整系统的运动方程. 如果运动的初始条件满足非完整约束方程(4.3.1),那么方程(4.3.3)的解就给出非完整系统的运动.

现在,我们开始讨论离散版本的非完整系统的动力学,令 Q 是 n 维位型流形,离散 Lagrangian L_d 定义了一个光滑映射 L_d: $Q \times Q \rightarrow \mathbb{R}$, 作用量 J 定义的映射 J: $Q^{N+1} \rightarrow \mathbb{R}$ 由下面的式子确定

$$J = \sum_{k=M}^{N} L_d(\bar{q}_{k-1}, \bar{q}_k, k), \tag{4.3.5}$$

其中 $q_k \in Q$, k 是离散时间 $k \in \{M-1, M, \cdots, N\}$. 在未受约束的情况下,离散变分原理指出:当端点 q_{M-1} 和 q_N 固定时,在所有可能的 $N-M-1$ 个点序列中,演化方程确定的点序列是使作用量和取极值的一个序列. 也就是说:对每个 $q \in Q$ 的点,其变分可以在整个切空间 T_qQ 上进行,而在非完整情况下,点的变分受到了限制,这个限制体现在分布 Ω, 另外,我们将考虑一个离散的约束空间 $\Omega_d \subset Q \times Q$, Ω_d 与 Ω 有同样的维数,对所有的 $q \in Q$ 有 $(q, q) \in \Omega_d$. 这个离散的约束空间将约束解序列 $\{q_k\}$ 上,即 $(q_k, q_{k+1}) \in \Omega_d$.

所以,要建立离散的非完整力学,需要三个要素:一个离散的 Lagrangian L_d, Q 上的一个约束分布 Ω 和一个离散的约束空间 Ω_d. 事实上离散力学也可以被看作是在这样一个体系内,其中 $\Omega = TQ$ 和 $\Omega_d = Q \times Q$.

其次,我们回顾离散的 Lagrange-D'Alembert 原理:是在给定固定端点 q_{M-1} 和 q_N 时,在众多的点序列中,挑选出一个点序列使(4.3.5)式取极值,且要求对所有的 $k \in \{M, M+1, \cdots, N-1\}$, 变分 $\delta q_k \in \Omega_{q_k}$ 和 $(q_k, q_{k+1}) \in \Omega_q$. 这个将给出下面的方程组

$$[D_{2,s} L_d(\bar{q}_{k-1}, \bar{q}_k, k) + D_{1,s} L_d(\bar{q}_k, \bar{q}_{k+1}, k+1)]\delta q_{s,k} = 0$$
$$(s = 1, 2, \cdots, n;\ k = M, M+1, \cdots, N-1), \quad (4.3.6)$$

如果离散约束空间 Ω_d 是由离散约束函数 ω_d^β: $Q \times Q \to \mathbb{R}$, $\beta \in \{1, 2, \cdots, g\}$ 定义,则我们可以得到非完整系统的离散运动方程如下[157]

$$D_{2,s} L_d(\bar{q}_{k-1}, \bar{q}_k, k) + D_{1,s} L_d(\bar{q}_k, \bar{q}_{k+1}, k+1) + \lambda_\beta(\bar{q}_{k-1}, \bar{q}_k, k)\omega_{\beta,s}(\bar{q}_k) = 0, \quad (4.3.7a)$$

$$\omega_\beta(\bar{q}_{k-1}, \bar{q}_k, k) = 0, \quad (4.3.7b)$$

其中 λ_β, $\beta \in \{1, 2, \cdots, g\}$ 是一组 Lagrange 约束乘子,方程(4.3.7a)左边的第三项表示离散的约束力.

类似于讨论连续的非完整系统的情况,在解差分方程(4.3.7a)和

(4.3.7b)之前,我们可以先解出约束乘子 λ_β,将其表达为变量 k, $\bar{q}_{k-1}$ 和 $\bar{q}_k$ 的函数,这样方程(4.3.7a)可以被改写成

$$D_{2,s}L_d(\bar{q}_{k-1}, \bar{q}_k, k) + D_{1,s}L_d(\bar{q}_k, \bar{q}_{k+1}, k+1) + \Lambda_{d,s}(\bar{q}_{k-1}, \bar{q}_k, k) = 0, \tag{4.3.8}$$

其中 $\Lambda_{d,s}(\bar{q}_{k-1}, \bar{q}_k, k) = \lambda_\beta(\bar{q}_{k-1}, \bar{q}_k, k)\omega_s^\beta(\bar{q}_k)$,则方程(4.3.8)被称作对应离散非完整系统(4.3.7a)和(4.3.7b)的离散完整系统的运动方程.

4.3.3 离散非完整系统的第一积分

对离散的非完整系统,一个类似于4.2.4节的秩序可被描述如下:

定义 如果存在一个序列 $v(q_{k-1}, q_k, k)$, $k = M, \cdots, N-1$,对每一个 k,使得

$$\delta L_d[\varepsilon u^s(\bar{q}_k, k)] = \varepsilon[\Delta v(\bar{q}_{k-1}, \bar{q}_k, k) - \Lambda_{d,s}(\bar{q}_{k-1}, \bar{q}_k, k)u^s(\bar{q}_k, k)] \quad (s = 1, 2, \cdots, n), \tag{4.3.9}$$

其中 δL_d 由(4.2.17)式给出,则离散 Lagrangian $L_d(R\bar{q}_k, \bar{q}_k, k)$ 相对无限小变换(4.2.15)是广义差分不变.

根据方程(4.3.8)和(4.3.9),我们有下面的命题.

命题 如果离散的 $L_d(R\bar{q}_k, \bar{q}_k, k)$ 对无限小变换(4.2.15)是广义差分不变的,即 $\delta u^s(\bar{q}_k, k)$ 满足方程(4.3.9),则对应离散非完整系统(4.3.7a)和(4.3.7b)的离散完整系统(4.3.8),拥有下面的离散第一积分.

$$u^s(\bar{q}_{k-1}, k-1)D_{1,s}L_d(\bar{q}_{k-1}, \bar{q}_k, k) + v(\bar{q}_{k-1}, \bar{q}_k, k) = \text{const} \quad (k = M, \cdots, N-1;\ s = 1, 2, \cdots, n). \tag{4.3.10}$$

证明 由方程(4.2.17)和(4.3.9),我们有

$$[D_{2,s}L_d(\bar{q}_{k-1},\bar{q}_k,k)+D_{1,s}L_d(\bar{q}_k,\bar{q}_{k+1},k+1)+\Lambda_{d,s}(\bar{q}_{k-1},\bar{q}_k,k)]\varepsilon u^s(\bar{q}_k,k)+\Delta[-\varepsilon u^s(\bar{q}_{k-1},k-1)D_{1,s}L_d(\bar{q}_{k-1},\bar{q}_k,k)]=\varepsilon\Delta v(\bar{q}_{k-1},\bar{q}_k,k).$$

利用方程(4.3.8),经化简可得

$$\Delta[u^s(\bar{q}_{k-1},k-1)D_{1,s}L_d(\bar{q}_{k-1},\bar{q}_k,k)+v(\bar{q}_{k-1},\bar{q}_k,k)]=0,$$

所以方程(4.3.10)成立.

4.3.4 例子

下面我们通过一个例子,来说明前面理论的应用.

考虑一个非完整系统,其离散的 Lagrangian 为

$$L_d=\frac{1}{2}[(q_{1,k}-q_{1,k-1})^2+(q_{2,k}-q_{2,k-1})^2+(q_{3,k}-q_{3,k-1})^2], \tag{4.3.11}$$

它的运动受到如下的一个非完整约束

$$\omega=(q_{2,k}-q_{2,k-1})-q_{3,k-1}(q_{1,k}-q_{1,k-1})=0. \tag{4.3.12}$$

由方程(4.3.8),我们有

$$(q_{1,k}-q_{1,k-1})-(q_{1,k+1}-q_{1,k})-\lambda q_{3,k-1}=0, \tag{4.3.13a}$$

$$(q_{2,k}-q_{2,k-1})-(q_{2,k+1}-q_{2,k})+\lambda=0, \tag{4.3.13b}$$

$$(q_{3,k}-q_{3,k-1})-(q_{3,k+1}-q_{3,k})=0, \tag{4.3.13c}$$

利用方程(4.3.12)、(4.3.13a)、(4.3.13b)和(4.3.13c),可以求得

$$\lambda=\frac{(q_{1,k}-q_{1,k-1})(q_{3,k}-q_{3,k-1})}{1+q_{3,k-1}q_{3,k}}. \tag{4.3.14}$$

直接验证表明

$$L_d(\bar{q}_{k-1},\bar{q}_k,k)=\frac{1}{2}[(q_{1,k}-q_{1,k-1})^2+(q_{2,k}-q_{2,k-1})^2+$$

$$(q_{3,k}-q_{3,k-1})^2],\tag{4.3.15}$$

对下面的无限小变换

$$q_{1,k}^*=q_{1,k},\tag{4.3.16a}$$

$$q_{2,k}^*=q_{2,k},\tag{4.3.16b}$$

$$q_{3,k}^*=q_{3,k}+\varepsilon.\tag{4.3.16c}$$

是广义差分不变的(其中 $v=0$). 所以,由命题可得

$$D_{1,3}L_d(\bar{q}_{k-1},\bar{q}_k,k)=\text{const},$$

或

$$-(q_{3,k}-q_{3,k-1})=\text{const}.\tag{4.3.17}$$

4.3.5 结论

首先,基于离散 Lagrange-D'Alembert 原理,利用 Lagrange 乘子法导出与非完整系统对应的完整系统的离散运动方程,接着我们给出离散 Lagrange 函数广义不变性的一个定义,进而提出非完整系统离散版本的 Noether 定理.

4.4 Hamilton 形式的离散变分原理与第一积分

4.4.1 引言

考虑到前面我们仅仅是从 Lagrange 观点分别研究了非保守系统和非完整系统的离散变分原理和第一积分. 像在连续动力学系统一样,一些问题从 Lagrange 形式去处理会容易一些,而另外一些问题可能会从 Hamilton 形式去讨论将会更方便. 本节我们将从 Hamilton 形式去研究动力学系统的离散变分原理和第一积分.

4.4.2 Hamilton 形式的基本变分方程

我们首先回顾一下连续情况 Hamilton 形式的变分原理[193, 194].

设 Q 表示位型空间，其广义坐标为 q_s，T^*Q 表示相空间，其正则坐标为 $[q_s(t),\ p_s(t)]$，$s=1,2,\cdots,n$. 系统的 Hamiltonian 为 $H: T^*Q\to R$，相应的作用量泛函为

$$J[q_s(t),\ p_s(t)]=\int_a^b[p_s\dot{q}_s-H(\bar{q},\ \bar{p})]\mathrm{d}t, \qquad (4.4.1)$$

其中 $[q_s(t),\ p_s(t)]$ 是相空间 T^*Q 中的一条 C^2 曲线，为了下面的表示方便，我们引入记号 $\bar{q}=(q_1,q_2,\cdots,q_n)$ 和 $\bar{p}=(p_1,p_2,\cdots,p_n)$.

Hamilton 形式的变分原理的实质是：寻找曲线 $[q_s(t),\ p_s(t)]$，$[q_s(t),\ p_s(t)]$ 在固定端点的情况下的变分使作用量泛函 J 取驻定值.

首先，我们引进下面的无限小变换

$$q_s^*(t)=q_s(t)+\varepsilon\xi_s(t,\ \bar{q},\ \bar{p}), \qquad (4.4.2a)$$

$$p_s^*(t)=p_s(t)+\varepsilon\eta_s(t,\ \bar{q},\ \bar{p}). \qquad (4.4.2b)$$

下面为了方便，我们将使用 Einstein 的求和约定，略去求和符号 $\sum$.

其次，我们来计算 J 在 $[q_s(t),\ p_s(t)]$ 的变分

$$\begin{aligned}\delta J&=\int_{t_1}^{t_2}\left(\dot{q}_s\delta p_s+p_s\delta\dot{q}_s-\frac{\partial H}{\partial q_s}\delta q_s-\frac{\partial H}{\partial p_s}\delta p_s\right)\mathrm{d}t\\&=\int_{t_1}^{t_2}\left[\dot{q}_s\delta p_s+\frac{\mathrm{d}}{\mathrm{d}t}(p_s\delta q_s)-\dot{p}_s\delta q_s-\frac{\partial H}{\partial q_s}\delta q_s-\frac{\partial H}{\partial p_s}\delta p_s\right]\mathrm{d}t\\&=\int_{t_1}^{t_2}\left[\left(\dot{q}_s-\frac{\partial H}{\partial p_s}\right)\delta p_s-\left(\dot{p}_s+\frac{\partial H}{\partial q_s}\right)\delta q_s\right]\mathrm{d}t+p_s\delta q_s\Big|_{t_1}^{t_2}, \qquad (4.4.3)\end{aligned}$$

由于 $\delta q_s(t_1)=\delta q_s(t_2)=0$，而对任意选取的 δq_s 和 δp_s，要求 $\delta J=0$ 将导致 $q_s(t)$、$p_s(t)$ 满足下面的 Hamilton 正则方程：

$$\dot{q}_s=\frac{\partial H}{\partial p_s}, \qquad (4.4.4a)$$

$$\dot{p}_s = -\frac{\partial H}{\partial q_s}. \tag{4.4.4b}$$

4.4.3 Hamilton 形式的离散变分原理和离散正则方程

在离散的情况下，我们可以通过在一个已知的 Lagrangian $L(t, q_s, p_s, \dot{q}_s)$ 中，利用 $q_{s,k} - q_{s,k-1}$ 代替 $\dot{q}_s$、$q_{s,k-1}$ 代替 q_s 和 $p_{s,k-1}$ 代替 p_s，首先将 Lagrangian 离散化，得到离散 Lagrangian $L_d(\bar{q}_{k-1}, \bar{p}_{k-1}, \bar{q}_k, \bar{p}_k, k)$. 根据，离散变分学问题是：在下面的边界条件(或端点条件)下

$$\begin{cases} q_{s,M-1} = a_{s,b}, \\ p_{s,M-1} = b_{s,b}; \end{cases} \quad 和 \quad \begin{cases} q_{s,N} = a_{s,e}, \\ p_{s,N} = b_{s,e}. \end{cases} \tag{4.4.5}$$

从所有的有限序列对 $(q_{s,M}, p_{s,M})$, $(q_{s,M+1}, p_{s,M+1})$, …, $(q_{s,N}, p_{s,N})$ 中挑选出，使下面的作用量和取极值的序列对

$$J(q_{s,k}, p_{s,k}) = \sum_{k=M}^{N} L_d(\bar{q}_{k-1}, \bar{p}_{k-1}, \bar{q}_k, \bar{p}_k, k). \tag{4.4.6}$$

具体的做法类似连续情况，让 J 的变量 $q_{s,k}$ 和 $p_{s,k}$ 作微小的变化，来计算 J 的导数，即分别定义变分 $\delta q_{s,k}$ 和 $\delta p_{s,k}$ 为

$$\delta q_{s,k} = \varepsilon u_{s,k}, \quad k = M, M+1, \cdots, N-1, \tag{4.4.7a}$$

$$\delta p_{s,k} = \varepsilon v_{s,k}, \quad k = M, M+1, \cdots, N-1, \tag{4.4.7b}$$

其中 ε 是一个参数，$u_{s,k}$ 和 $v_{s,k}$ 是实数序列，L_d 的变分可由其增量的线性部分来定义，即

$$\begin{aligned} &L_d(\bar{q}^*_{k-1}, \bar{p}^*_{k-1}, \bar{q}^*_k, \bar{p}^*_k, k) - \\ &\quad L_d(\bar{q}_{k-1}, \bar{p}_{k-1}, \bar{q}_k, \bar{p}_k, k), \end{aligned} \tag{4.4.8}$$

其中

$$q^*_{s,k} = q_{s,k} + \delta q_{s,k}, \tag{4.4.9a}$$

$$p_{s,k}^{*}=p_{s,k}+\delta p_{s,k}. \tag{4.4.9b}$$

我们用 $\delta L_d(\delta q_{s,k},\delta p_{s,k})$ 表示这个变分，则

$$\delta L_d(\delta q_{s,k},\delta p_{s,k})=\left.\frac{\partial L_d(\bar{q}_{k-1},\bar{p}_{k-1},\bar{q}_k,\bar{p}_k,k)}{\partial\varepsilon}\right|_{\varepsilon=0}, \tag{4.4.10}$$

利用链式规则和算子 R（见定义式 4.2.4）和 δ 的可交换性，我们不难证明下面的公式

$$\begin{aligned}&\delta L_d(\delta q_{s,k},\delta p_{s,k})\\&=D_3L_{d,s}(\bar{q}_{k-1},\bar{p}_{k-1},\bar{q}_k,\bar{p}_k,k)\delta q_{s,k}+\\&\quad D_1L_{d,s}(\bar{q}_{k-1},\bar{p}_{k-1},\bar{q}_k,\bar{p}_k,k)R\delta q_{s,k}+\\&\quad D_4L_{d,s}(\bar{q}_{k-1},\bar{p}_{k-1},\bar{q}_k,\bar{p}_k,k)\delta p_{s,k}+\\&\quad D_2L_{d,s}(\bar{q}_{k-1},\bar{p}_{k-1},\bar{q}_k,\bar{p}_k,k)R\delta p_{s,k},\end{aligned} \tag{4.4.11}$$

其中 $D_iL_{d,s}$ 表示 L_d 对其第 i 变量的第 s 个分量的偏导数，在上述过程中，我们利用了第二节所提到的结果，对方程(4.4.11)进行了一个类似于经典变分学中的分部积分法的操作. 另外，我们注意到方程(4.4.11)中的 $\delta L_d(\delta q_{s,k},\delta p_{s,k})$ 可被写成

$$\delta L_d(\delta q_{s,k},\delta p_{s,k})=O(\delta q_{s,k},\delta p_{s,k}), \tag{4.4.12}$$

其中 O 是差分算子

$$\begin{aligned}O=&[D_3L_d(\bar{q}_{k-1},\bar{p}_{k-1},\bar{q}_k,\bar{p}_k,k)+\\&D_4L_d(\bar{q}_{k-1},\bar{p}_{k-1},\bar{q}_k,\bar{p}_k,k)]R^0+\\&[D_1L_d(\bar{q}_{k-1},\bar{p}_{k-1},\bar{q}_k,\bar{p}_k,k)+\\&D_2L_d(\bar{q}_{k-1},\bar{p}_{k-1},\bar{q}_k,\bar{p}_k,k)]R^1.\end{aligned} \tag{4.4.13}$$

按照 4.4.2 定义 1，O 的伴随可由下式给出

$$O^{*}=[D_1L_d(\bar{q}_k,\bar{p}_k,\bar{q}_{k+1},\bar{p}_{k+1},k+1)+$$

$$D_2L_d(\bar{q}_k, \bar{p}_k, \bar{q}_{k+1}, \bar{p}_{k+1}, k+1)]R^0 +$$
$$[D_3L_d(\bar{q}_{k-1}, \bar{p}_{k-1}, \bar{q}_k, \bar{p}_k, k) +$$
$$D_4L_d(\bar{q}_{k-1}, \bar{p}_{k-1}, \bar{q}_k, \bar{p}_k, k)]R^1, \quad (4.4.14)$$

因此,由 Lagrange 恒等式(4.2.8),且令 $y_{s,k}=1$ 和 $x_{s,k}=(\delta q_{s,k}, \delta p_{s,k})$,则方程(4.4.11)可以被写成

$$O(\delta q_{s,k}, \delta p_{s,k}) = (\delta q_{s,k}, \delta p_{s,k})O^*(1) + \Delta B[(\delta q_{s,k}, \delta p_{s,k}), 1], \quad (4.4.15)$$

其中

$$B[(\delta q_{s,k}, \delta p_{s,k}), 1]$$
$$= -\delta q_{s,k-1}D_1L_{d,s}(\bar{q}_{k-1}, \bar{p}_{k-1}, \bar{q}_k, \bar{p}_k, k) -$$
$$\delta p_{s,k-1}D_2L_{d,s}(\bar{q}_{k-1}, \bar{p}_{k-1}, \bar{q}_k, \bar{p}_k, k). \quad (4.4.16)$$

这样,从方程(4.4.12)、(4.4.14)、(4.4.15)和(4.4.16),我们可以推得

$$\delta L_d(\delta q_{s,k}, \delta p_{s,k})$$
$$= [D_3L_{d,s}(\bar{q}_{k-1}, \bar{p}_{k-1}, \bar{q}_k, \bar{p}_k, k) +$$
$$D_1L_{d,s}(\bar{q}_k, \bar{p}_k, \bar{q}_{k+1}, \bar{p}_{k+1}, k+1)]\delta q_{s,k} +$$
$$\Delta[-\delta p_{s,k-1}D_2L_{d,s}(\bar{q}_{k-1}, \bar{p}_{k-1}, \bar{q}_k, \bar{p}_k, k)] +$$
$$[D_4L_{d,s}(\bar{q}_{k-1}, \bar{p}_{k-1}, \bar{q}_k, \bar{p}_k, k) +$$
$$D_2L_{d,s}(\bar{q}_k, \bar{p}_k, \bar{q}_{k+1}, \bar{p}_{k+1}, k+1)]\delta p_{s,k} +$$
$$\Delta[-\delta p_{s,k-1}D_2L_{d,s}(\bar{q}_{k-1}, \bar{p}_{k-1}, \bar{q}_k, \bar{p}_k, k)], \quad (4.4.17)$$

(4.4.17)式就是 L_d 的变分方程. 引进表示

$$\phi_k = D_3L_{d,s}(\bar{q}_{k-1}, \bar{p}_{k-1}, \bar{q}_k, \bar{p}_k, k) +$$
$$D_1L_{d,s}(\bar{q}_k, \bar{p}_k, \bar{q}_{k+1}, \bar{p}_{k+1}, k+1), \quad (4.4.18a)$$

$$\psi_k = D_4 L_{d,s}(\bar{q}_{k-1}, \bar{p}_{k-1}, \bar{q}_k, \bar{p}_k, k) + D_2 L_{d,s}(\bar{q}_k, \bar{p}_k, \bar{q}_{k+1}, \bar{p}_{k+1}, k+1), \qquad (4.4.18\text{b})$$

$k = M, M+1, \cdots, N-1$，叫做离散导数.

为了获得离散的 Hamilton 正则方程，可从下面的离散变分原理出发

$$\delta J(\delta q_{s,k}, \delta p_{s,k}) = \sum_{k=M-1}^{N} \delta L_d(\delta q_{s,k}, \delta p_{s,k}), \qquad (4.4.19)$$

利用(4.4.17)和(4.4.18)式，可得

$$\begin{aligned}
&\delta J(\delta q_{s,k}, \delta p_{s,k}) \\
&= \sum_{k=M}^{N-1} (\phi_{s,k}\delta q_{s,k} + \psi_{s,k}\delta p_{s,k}) + \\
&\quad \delta q_{s,M-1} D_1 L_{d,s}(\bar{q}_{M-1}, \bar{p}_{M-1}, \bar{q}_M, \bar{p}_M, M) + \\
&\quad \delta p_{s,M-1} D_2 L_{d,s}(\bar{q}_{M-1}, \bar{p}_{M-1}, \bar{q}_M, \bar{p}_M, M) + \\
&\quad \delta q_{s,N} D_1 L_{d,s}(\bar{q}_{N-1}, \bar{p}_{N-1}, \bar{q}_N, \bar{p}_N, N) + \\
&\quad \delta p_{s,N} D_1 L_{d,s}(\bar{q}_{N-1}, \bar{p}_{N-1}, \bar{q}_N, \bar{p}_N, N).
\end{aligned} \qquad (4.4.20)$$

利用条件(4.4.6)，方程(4.4.20)变为

$$\delta J(\delta q_{s,k}, \delta p_{s,k}) = \sum_{k=M}^{N-1} (\phi_{s,k}\delta q_{s,k} + \psi_{s,k}\delta p_{s,k}). \qquad (4.4.21)$$

若对任意选取的 $\delta q_{s,k}$ 和 $\delta p_{s,k}$，δJ 都等于零，则我们可得下面的方程

$$\begin{aligned}
&D_3 L_{d,s}(\bar{q}_{k-1}, \bar{p}_{k-1}, \bar{q}_k, \bar{p}_k, k) + \\
&D_1 L_{d,s}(\bar{q}_k, \bar{p}_k, \bar{q}_{k+1}, \bar{p}_{k+1}, k+1) = 0, \\
&\qquad (k = M, \cdots, N-1)
\end{aligned} \qquad (4.4.22\text{a})$$

$$\begin{aligned}
&D_4 L_{d,s}(\bar{q}_{k-1}, \bar{p}_{k-1}, \bar{q}_k, \bar{p}_k, k) + \\
&D_2 L_{d,s}(\bar{q}_k, \bar{p}_k, \bar{q}_{k+1}, \bar{p}_{k+1}, k+1) = 0 \\
&\qquad (k = M, \cdots, N-1).
\end{aligned} \qquad (4.4.22\text{b})$$

方程(4.4.22)正是由方程(4.4.4)所确定的离散问题的 Hamilton 正则方程.

4.4.4 离散 Hamilton 正则方程的第一积分

类似于连续情况的讨论,通过直接研究在相空间离散 Lagrangian $L_d(\bar{q}_{k-1}, \bar{p}_{k-1}, \bar{q}_k, \bar{p}_k, k)$ 的不变性,可以给出了一个寻找离散 Hamilton 正则方程第一积分的方法.

引入下面的无限小变换

$$q^*_{s,k} = q_{s,k} + \varepsilon u_{s,k}, \tag{4.4.23a}$$

$$p^*_{s,k} = p_{s,k} + \varepsilon v_{s,k}, \tag{4.4.23b}$$

其中 ε 是一个参数,$u_{s,k} = u_s(\bar{q}_k, \bar{p}_k, k)$ 和 $v_{s,k} = v_s(\bar{q}_k, \bar{p}_k, k)$ 是两个依赖 k、$\bar{q}_k$ 和 $\bar{p}_k$ 的函数序列,$k = M, \cdots, N-1$.

定义 如果存在一个函数序列 $g(\bar{q}_k, \bar{p}_k, k)$, $k = M, \cdots, N-1$. 对每一个 k, 都有下式成立

$$\delta L_d[\varepsilon u_s(\bar{q}_k, \bar{p}_k, k), \varepsilon v_s(\bar{q}_k, \bar{p}_k, k)] = \varepsilon \Delta g(\bar{q}_k, \bar{p}_k, k), \tag{4.4.24}$$

其中 δL_d 有(4.4.17)式给出,则相空间的离散 Lagrangian $L_d(\bar{q}_{k-1}, \bar{p}_{k-1}, \bar{q}_k, \bar{p}_k, k)$ 对无限小变换(4.4.23)是差分不变的.

类似于经典变分学中的 Noether 定理,即通过研究系统的 Lagrangian 在无限小变换下的不会变性来寻找系统的第一积分. 下面我们将证明离散版本的 Noether 定理,即通过研究系统的离散 Lagrangian 在无限小变换下的不会变性来寻找其离散的第一积分.

命题 如果相空间的离散 Lagrangian $L_d(\bar{q}_{k-1}, \bar{p}_{k-1}, \bar{q}_k, \bar{p}_k, k)$ 对无限小变换(4.4.23)是差分不变的,并且方程(4.4.22)成立,则

$$u_s(\bar{q}_{k-1}, \bar{p}_{k-1}, k-1)D_1L_{d,s}(\bar{q}_{k-1}, \bar{p}_{k-1}, \bar{q}_k, \bar{p}_k, k) +$$
$$v_s(\bar{q}_{k-1}, \bar{p}_{k-1}, k-1)D_2L_{d,s}(\bar{q}_{k-1}, \bar{p}_{k-1}, \bar{q}_k, \bar{p}_k, k) +$$

$$g(\bar{q}_k, \bar{p}, k) = \text{const.} \tag{4.4.25}$$

证明 由方程(4.4.24)和(4.4.17),我们有

$$\begin{gathered}\phi_{s,k}\delta q_{s,k} + \psi_{s,k}\delta p_{s,k} + \\ \Delta[-\varepsilon u_s(\bar{q}_{k-1}, \bar{p}_{k-1}, k-1)D_1 L_{d,s}(\bar{q}_{k-1}, \bar{p}_{k-1}, \bar{q}_k, \bar{p}_k, k)] + \\ \Delta[-\varepsilon v_s(\bar{q}_{k-1}, \bar{p}_{k-1}, k-1)D_2 L_{d,s}(\bar{q}_{k-1}, \bar{p}_{k-1}, \bar{q}_k, \bar{p}_k, k)] = \\ \varepsilon\Delta g(\bar{q}_k, \bar{p}_k, k),\end{gathered}$$

利用方程(4.4.22),经简化后,我们可以得到

$$\begin{gathered}\Delta[u_s(\bar{q}_{k-1}, \bar{p}_{k-1}, k-1)D_1 L_{d,s}(\bar{q}_{k-1}, \bar{p}_{k-1}, \bar{q}_k, \bar{p}_k, k)] + \\ \Delta[v_s(\bar{q}_{k-1}, \bar{p}_{k-1}, k-1)D_2 L_{d,s}(\bar{q}_{k-1}, \bar{p}_{k-1}, \bar{q}_k, \bar{p}_k, k)] + \\ \Delta g(\bar{q}_k, \bar{p}_k, k) = 0,\end{gathered}$$

故方程(4.4.25)成立,命题获证.

4.4.5 例子

考虑一个具有两个自由度的力学系统,其离散的 Lagrangian 为

$$L_d = p_{1,k-1}(q_{1,k} - q_{1,k-1}) + p_{2,k-1}(q_{2,k} - q_{2,k-1}) - \frac{1}{2}(p_{1,k-1}^2 + p_{2,k-1}^2) - q_{2,k-1}, \tag{4.4.26}$$

则作用量和为

$$J = \sum_{k=1}^{N}\left\{p_{1,k-1}(q_{1,k} - q_{1,k-1}) + p_{2,k-1}(q_{2,k} - q_{2,k-1}) - \frac{1}{2}(p_{1,k-1}^2 + p_{2,k-1}^2) + q_{2,k-1}\right\}. \tag{4.4.27}$$

利用方程(4.4.22),离散 Hamilton 正则方程可被表示为下面的差分方程

$$p_{1,k}-p_{1,k-1}=0, \tag{4.4.28a}$$

$$q_{1,k+1}-q_{1,k}=p_{1,k}, \tag{4.4.28b}$$

$$p_{2,k}-p_{2,k-1}=-1, \tag{4.4.28c}$$

$$q_{1,k+1}-q_{1,k}=p_{1,k}. \tag{4.4.28d}$$

直接验证表明

$$L_d=p_{1,k-1}(q_{1,k}-q_{1,k-1})+p_{2,k-1}(q_{2,k}-q_{2,k-1})-\frac{1}{2}(p_{1,k-1}^2+p_{2,k-1}^2)-q_{2,k-1},$$

相对下面的无限小变换

$$q_{1,k}^*=q_{1,k}+\varepsilon, \tag{4.4.29a}$$

$$q_{2,k}^*=q_{2,k}, \tag{4.4.29b}$$

$$p_{1,k}^*=p_{1,k}, \tag{4.4.29c}$$

$$p_{2,k}^*=q_{2,k}. \tag{4.4.29d}$$

是差分不变(其中 $g=0$). 所以,利用命题,我们立即可以获得方程(4.4.28)的第一积分

$$u_s(\bar{q}_{k-1},\bar{p}_{k-1},k-1)D_1L_{d,s}(\bar{q}_{k-1},\bar{p}_{k-1},\bar{q}_k,\bar{p}_k,k)=\text{const},$$

或

$$p_{1,k-1}=\text{const}. \tag{4.4.30}$$

如果我们将(4.4.26)式的离散 Lagrangian 改写成下面的形式

$$L_d=p_{1,k-1/2}(q_{1,k}-q_{1,k-1})+p_{2,k-1/2}(q_{2,k}-q_{2,k-1})-\frac{1}{2}(p_{1,k-1/2}^2+p_{2,k-1/2}^2)-q_{2,k-1/2}, \tag{4.4.31}$$

其中

$$q_{i,k-1/2}=\frac{q_{i,k-1}+q_{i,k}}{2},\quad q_{i,k+1/2}=\frac{q_{i,k}+q_{i,k+1}}{2},\quad i=1,2;$$

$$p_{i,k-1/2}=\frac{p_{i,k-1}+p_{i,k}}{2},\quad p_{i,k-1/2}=\frac{p_{2,k}+p_{2,k+1}}{2},\quad i=1,2.$$

利用方程(4.4.22),我们可以得到相应的离散 Hamilton 正则方程

$$p_{1,k+1/2}-p_{1,k-1/2}=0, \tag{4.4.32a}$$

$$q_{1,k+1}-q_{1,k-1}=2(p_{1,k+1/2}+p_{1,k-1/2}), \tag{4.4.32b}$$

$$p_{2,k+1/2}-p_{2,k-1/2}=-1, \tag{4.4.32c}$$

$$q_{2,k+1}-q_{2,k-1}=2(p_{2,k-1/2}+p_{2,k+1/2}). \tag{4.4.32d}$$

很容易验证

$$L_d=p_{1,k-1/2}(q_{1,k}-q_{1,k-1})+p_{2,k-1/2}(q_{2,k}-q_{2,k-1})-\frac{1}{2}(p_{1,k-1/2}^2+p_{2,k-1/2}^2)-q_{2,k-1/2}.$$

相对上面的无限小变换(4.4.29),是差分不变(其中 $g=0$). 利用命题,我们有

$$p_{1,k+1/2}=\text{const}. \tag{4.4.33}$$

可见,Lagrangian 的离散形式与其离散的第一积分之间没有必然的联系.

4.4.6 结论

基于连续情况的 Hamilton 变分原理,定义了相空间的离散 Lagrangian,提出了离散的 Hamilton 变分原理,并导出了离散的 Hamilton 正则方程,进而给出动力学系统离散版本的 Hamilton 形式 Noether 定理.

4.5 小结

本章研究了位型空间中离散力学系统的对称性和第一积分,分三个部分:(1) 基于离散 Lagrange-D'Alembert 原理,我们导出非保守系统的离散运动方程,接着我们给出离散 Lagrange 函数广义不变性的一个定义,进而提出一个关于离散非保守系统第一积分定理,并且进一步研究了多自由度非保守系统离散运动方程的第一积分;(2) 基于离散 Lagrange-D'Alembert 原理,利用 Lagrange 乘子法导出与非完整系统对应的完整系统的离散运动方程,接着我们给出非完整系统的离散 Lagrange 函数在无限小序列变换下广义不变性的一个定义,进而提出非完整系统离散版本的 Noether 定理;(3) 基于连续情况的 Hamilton 变分原理,定义了相空间的离散 Lagrangian,提出了离散的 Hamilton 变分原理,并导出了离散的 Hamilton 正则方程,进而给出动力学系统离散版本的 Hamilton 形式 Noether 定理;给出以上问题的应用例子.

第五章 事件空间离散力学系统的对称性与第一积分

5.1 引言

在上一章的讨论中，由于我们在离散动力学系统是仅仅只是考虑了位型变量 q_s 的离散化，而将时间 t 仅仅是作为一个离散的参数 k，显然，它不可能连续变化，其结果是我们无法获得离散的"能量"积分，而只能获得离散的"动量"积分. 然而，我们在许多场合非常希望想得到离散力学系统的"能量"积分. 著名物理学家李政道教授在上世纪八十年代早期[140-142]首次提出将时间 t 视为一个动力学变量与空间变量 $\boldsymbol{r}$ 一起离散化，给出一个新的离散变分原理(差分变分原理)，从这个新的离散变分原理出发，对保守系统，李不仅给出了离散系统的运动方程，而且给出了离散形式的能量守恒律，并用它分别讨论了经典力学、非相对论量子力学和相对论量子场论. 受李思想的启发，要想利用离散的 Noether 定理获得"能量"积分，我们有必要将时间 t 和位型变量 q_s 都视为动力学变量，一道离散化. 事件空间为我们提供了一个很好的平台，在事件空间中时间 t 和位型变量 q_s 同是某个参数 τ 的函数，因此可以利用参数 τ 来离散时间 t 和位型变量 q_s. 在这一章中，我们将在事件空间中研究动力学系统的离散变分原理和离散 Noether 定理.

5.2 事件空间中完整保守系统的离散变分原理和第一积分

5.2.1 引言

对完整保守系统而言，利用位型空间的离散 Noether 定理，我们只能得到离散的“动量”积分，而得不到离散的“能量”积分. 然而，对连续的完整保守系统，这个“能量”积分是存在的. 为了弥补前面理论的不足，这一节，我们将在事件空间中讨论完整保守系统离散变分原理和离散 Noether 定理.

5.2.2 完整保守系统在事件空间的离散变分原理

考虑一个力学系统，它的位型是由 n 个广义坐标 $q_s(s=1, 2, \cdots, n)$ 确定，下面我们构造一个事件空间 $\mathbf{R}^{n+1}$，此空间中的一个点的坐标由 q_s 和 t 构成.

我们引入表示

$$x^1 = t, \quad x^{s+1} = q_s, \quad (s = 1, 2, \cdots, n) \tag{5.2.1}$$

则所有的变量 $x^\alpha(\alpha = 1, 2, \cdots, n+1)$ 可以被看作某个参数 ϑ 的函数，其中 ϑ 的选取没有特别的要求(可参见 Synge [194]). 令

$$x^\alpha = x^\alpha(\vartheta) \quad (\alpha = 1, 2, \cdots, n+1), \tag{5.2.2}$$

是 C^2 类曲线，以至

$$(x^\alpha)' = \mathrm{d}x^\alpha/\mathrm{d}\vartheta \quad (\alpha = 1, 2, \cdots, n+1), \tag{5.2.3}$$

不会同时全部为零，我们令

$$\dot{x}^\alpha = \mathrm{d}x^\alpha/\mathrm{d}t = (x^\alpha)'/(x^1)', \tag{5.2.4}$$

其中 $\dot{x}^\alpha$ 表示对 t 的导数，$(x^\alpha)'$ 表示对 ϑ 的导数.

对一个形如 $F = F(t, \boldsymbol{q}, \dot{\boldsymbol{q}})$ 的函数，很容易验证[195-196]

$$\widetilde{F}[x^\alpha, (x^\alpha)']$$
$$= (x^1)'F[x^\alpha, (x^2)'/(x^1)', \cdots, (x^{n+1})'/(x^1)']. \qquad (5.2.5)$$

显然，$\widetilde{F}$ 是 $(x^\alpha)'$ 的零阶齐次函数. 若在位型空间给定一个系统的 Lagrangian $L = L(t, \boldsymbol{q}, \dot{\boldsymbol{q}})$，则其事件空间的 Lagrangian $\Lambda[x^\alpha, (x^\alpha)']$ 由下面的方程确定

$$\Lambda[x^\alpha, (x^\alpha)']$$
$$= (x^1)'L[x^\alpha, (x^2)'/(x^1)', \cdots, (x^{n+1})'/(x^1)'], \qquad (5.2.6)$$

且我们有

$$\sum_{\alpha=1}^{n+1} \frac{\partial \Lambda}{\partial (x^\alpha)'}(x^\alpha)' = \Lambda[x^\alpha, (x^\alpha)']. \qquad (5.2.7)$$

事件空间的 Hamilton 原理可被写成下面的形式

$$\int_{\vartheta_0}^{\vartheta_1} \delta\Lambda[x^\alpha, (x^\alpha)']\mathrm{d}\vartheta = 0,$$
$$\delta x^\alpha|_{\vartheta=\vartheta_0} = \delta x^\alpha|_{\vartheta=\vartheta_1} = 0. \qquad (5.2.8)$$

事件空间的 d'Alembert-Lagrange 原理可被写成下面的形式

$$\sum_{\alpha=1}^{n+1}\left[\frac{\mathrm{d}}{\mathrm{d}t}\frac{\partial \Lambda}{\partial (x^\alpha)'} - \frac{\partial \Lambda}{\partial x^\alpha}\right]\delta x^\alpha = 0, \qquad (5.2.9)$$

完整保守系统的参数运动方程是

$$\frac{\mathrm{d}}{\mathrm{d}t}\frac{\partial \Lambda}{\partial (x^\alpha)'} - \frac{\partial \Lambda}{\partial x^\alpha} = 0. \qquad (5.2.10)$$

我们定义事件空间的离散作用量和是

$$\widetilde{J}_d(x^\alpha) = \sum_{\tau=M}^{N} \Lambda_d[x^\alpha(\tau-1), x^\alpha(\tau)], \qquad (5.2.11)$$

其中 $\Lambda_d[x^\alpha(\tau-1), x^\alpha(\tau)]$ 是事件空间的离散 Lagrangian，我们可以

通过在(5.2.6)式中分别用 $x^{\alpha}(\tau)-x^{\alpha}(\tau-1)$ 代替 $(x^{\alpha})'$，用 $x^{\alpha}(\tau-1)$ 代替 x^{α} 来得到. 则离散的 d'Alembert-Lagrange 原理可由下式给出

$$\delta \tilde{J}_d(x^{\alpha})=\sum_{\tau=M}^{N}\delta\Lambda_d[x^{\alpha}(\tau-1),\ x^{\alpha}(\tau)]=0. \tag{5.2.12}$$

上式是(5.2.8)式的离散等价方程.

命题 5.2.1 若完整保守系统在事件空间的离散 Lagrangian 函数为 $\Lambda_d[x^{\alpha}(\tau-1),\ x^{\alpha}(\tau)]$，利用原理(5.2.12)，我们可以导出其离散的 Euler-Lagrange 方程(又称参数方程)如下

$$\frac{\partial\Lambda_d[x^{\beta}(\tau-1),\ x^{\beta}(\tau)]}{\partial x^{\alpha}(\tau)}+\frac{\partial\Lambda_d[x^{\beta}(\tau),\ x^{\beta}(\tau+1)]}{\partial x^{\alpha}(\tau)}=0$$
$$(\alpha,\ \beta=1,\ 2,\ \cdots,\ n+1). \tag{5.2.13}$$

证明 由方程(11)，我们有

$$\sum_{\tau=M}^{N}\left\{\frac{\partial\Lambda_d[x^{\beta}(\tau-1),\ x^{\beta}(\tau)]}{\partial x^{\alpha}(\tau-1)}\delta x^{\alpha}(\tau-1)\}+\frac{\partial\Lambda_d[x^{\beta}(\tau-1),\ x^{\beta}(\tau)]}{\partial x^{\alpha}(\tau)}\delta x^{\alpha}(\tau)\right\}$$
$$=\sum_{\tau=M}^{N-1}\left\{\frac{\partial\Lambda_d[x^{\beta}(\tau-1),\ x^{\beta}(\tau)]}{\partial x^{\alpha}(\tau)}+\frac{\partial\Lambda_d[x^{\beta}(\tau),\ x^{\beta}(\tau+1)]}{\partial x^{\alpha}(\tau)}\right\}\delta x^{\alpha}(\tau)=0$$
$$(\alpha,\ \beta=1,\ 2,\ \cdots,\ n+1), \tag{5.2.14}$$

在上面的推导过程中，我们利用了离散的分部积分法(重排求和指标)和端点条件 $\delta x^{\alpha}(M-1)=\delta x^{\alpha}(N)=0$. 因为对任意选取的 $\delta x^{\alpha}(\tau)$，(5.2.14)式都成立，故我们立即就可以得到事件空间的离散 Euler-Lagrange 方程(5.2.13).

为了下面方便，方程(5.2.13)可被重新写成下面的形式(在下面的讨论中我们将采用 Einstein 的求和约定)

$$D_2\Lambda_{d,\alpha}[x^\beta(\tau-1),\ x^\beta(\tau)]+D_1\Lambda_{d,\alpha}[x^\beta(\tau),\ x^\beta(\tau+1)]=0$$
$$(\alpha,\ \beta=1,\ 2,\ \cdots,\ n+1).\tag{5.2.15}$$

其中

$$D_2\Lambda_{d,\alpha}[x^\beta(\tau-1),\ x^\beta(\tau)]=\frac{\partial\Lambda_d[x^\beta(\tau-1),\ x^\beta(\tau)]}{\partial x^\alpha(\tau)},\tag{5.2.16}$$

和

$$D_1\Lambda_{d,\alpha}[x^\beta(\tau),\ x^\beta(\tau+1)]=\frac{\partial\Lambda_d[x^\beta(\tau),\ x^\beta(\tau+1)]}{\partial x^\alpha(\tau)}.\tag{5.2.17}$$

5.2.3 完整保守系统在事件空间的离散第一积分

类似于连续情况的讨论,下面我们通过直接研究事件空间的离散 Lagrangian $\Lambda_d[Rx_\alpha(\tau),\ x_\alpha(\tau)]$ 的不变性,来寻找离散 Euler-Lagrange 方程的第一积分.

引入下面的无限小变换

$$(x^\alpha)^*(\tau)=x^\alpha(\tau)+\varepsilon u^\alpha(\tau)$$
$$(\alpha=1,\ 2,\ \cdots,\ n+1),\tag{5.2.18}$$

其中 ε 是一个参数, $u^\alpha(\tau)=u^\alpha[x^\beta(\tau),\tau]$ 是一个依赖 τ 和 $x^\beta(\tau)$ 的序列,其中 $\tau=M,\ 2,\ \cdots,\ N-1$.

定义 如果存在一个序列 $v[x^\beta(\tau-1),\ x^\beta(\tau)]$, $\tau=M,\ \cdots,\ N-1$, 对每一 τ 使下式成立

$$\delta\Lambda_d\{\varepsilon u^\alpha[x^\beta(\tau),\ \tau]\}=\varepsilon\{\Delta v[x^\beta(\tau-1),\ x^\beta(\tau)]\},\tag{5.2.19}$$

其中 $\delta\Lambda_d$ 由下面的公式给出[133]

$$\begin{aligned}\delta\Lambda_d[\delta x^\alpha(\tau)] = \{&D_2\Lambda_{d,\alpha}[x^\beta(\tau-1), x^\beta(\tau)] + \\ &D_1\Lambda_{d,\alpha}[x^\beta(\tau), x^\beta(\tau+1)]\}\delta x^\alpha(\tau) + \\ &\Delta\{-\delta x^\alpha(\tau-1)D_1\Lambda_{d,\alpha}[x^\beta(\tau-1), x^\beta(\tau)]\},\end{aligned} \tag{5.2.20}$$

Δ 是差分算子，即 $\Delta x^\alpha(\tau) = x^\alpha(\tau+1) - x^\alpha(\tau)$，则我们称离散 Lagrangian $\Lambda_d[Rx^\alpha(\tau), x^\alpha(\tau)]$ 相对无限小变换(5.2.18)是广义差分不变.

基于离散 D'Alembert-Lagrange 原理，我们可以证明下面的命题.

命题 5.2.2 对无限小变换(5.2.18)，如果离散 Lagrangian $\Lambda_d[x_\alpha(\tau-1), x_\alpha(\tau)]$ 是广义差分不变，并且方程(5.2.15)成立，则

$$\begin{aligned}u^\alpha[x^\beta(\tau-1), \tau-1]D_1\Lambda_{d,\alpha}[x^\beta(\tau-1), x^\beta(\tau)] + \\ v[x^\beta(\tau-1), x^\beta(\tau)] = \text{const} \\ (\alpha = 1, 2, \cdots, n+1).\end{aligned} \tag{5.2.21}$$

证明 由方程(5.2.19)和(5.2.20)，我们有

$$\begin{aligned}&\{D_2\Lambda_{d,\alpha}[x^\beta(\tau-1), x^\beta(\tau)] + \\ &D_1\Lambda_{d,\alpha}[x^\beta(\tau), x^\beta(\tau+1)]\}\varepsilon u^\alpha[x^\beta(\tau), \tau] + \\ &\Delta\{-u^\alpha[x^\beta(\tau-1), \tau-1]D_1\Lambda_{d,\alpha}[x^\beta(\tau-1), x^\beta(\tau)]\} \\ &= \varepsilon\Delta v[x^\beta(\tau-1), x^\beta(\tau)].\end{aligned}$$

利用方程(5.2.15)，经简化后，我们可以得到

$$\begin{aligned}\Delta\{u^\alpha[x^\beta(\tau-1), \tau-1]D_1\Lambda_{d,\alpha}[x^\beta(\tau-1), x^\beta(\tau)] + \\ v[x^\beta(\tau-1), x^\beta(\tau)]\} = 0,\end{aligned} \tag{5.2.22}$$

故方程(5.2.21)成立. 命题 5.2.2 获证.

方程(5.2.21)是一个一阶差分关系，表明它是二阶差分方程(5.2.15)的一个第一积分.

5.2.4 例子

下面我们通过两个例子,来说明前面各节的理论的应用.

例 1 考虑一个完整保守系统,其 Lagrangian 为

$$L=\frac{1}{2}m\dot{q}^2. \tag{5.2.23}$$

令

$$x^1=t,\quad x^2=q. \tag{5.2.24}$$

因此,在事件空间 Lagrangian 可被写成

$$\Lambda[x^\alpha,(x^\alpha)']=\frac{1}{2}m[(x^2)']^2/(x^1)'. \tag{5.2.25}$$

则离散的 Lagrangian 是

$$\Lambda_d[Rx^\alpha(\tau),x^\alpha(\tau)]=\frac{1}{2}m\frac{[x^2(\tau)-x^2(\tau-1)]^2}{x^1(\tau)-x^1(\tau-1)}. \tag{5.2.26}$$

利用方程(5.2.15),离散方程 Euler-Lagrange 可被写成空间和时间分量如下

$$m\frac{x^2(\tau)-x^2(\tau-1)}{x^1(\tau)-x^1(\tau-1)}-m\frac{x^2(\tau+1)-x^2(\tau)}{x^1(\tau+1)-x^1(\tau)}=0, \tag{5.2.27}$$

$$-\frac{1}{2}m\frac{[x^2(\tau)-x^2(\tau-1)]^2}{[x^1(\tau)-x^1(\tau-1)]^2}+\frac{1}{2}m\frac{[x^2(\tau+1)-x^2(\tau)]^2}{[x^1(\tau+1)-x^1(\tau)]^2}=0. \tag{5.2.28}$$

直接验证表明

$$\Lambda_d[Rx^\alpha(\tau),x^\alpha(\tau)]=\frac{1}{2}m\frac{[x^2(\tau)-x^2(\tau-1)]^2}{x^1(\tau)-x^1(\tau-1)}, \tag{5.2.29}$$

分别相对下面的两组无限小变换

$$(x^1)^*(\tau) = x^1(\tau), \tag{5.2.30}$$

$$(x^2)^*(\tau) = x^2(\tau) + \varepsilon, \tag{5.2.31}$$

和

$$(x^1)^*(\tau) = x^1(\tau) + \varepsilon, \tag{5.2.32}$$

$$(x^2)^*(\tau) = x^2(\tau), \tag{5.2.33}$$

是差分不变(其中 $v=0$). 所以,利用命题 5.2.2,我们立即分别获得方程(5.2.27)和(5.2.28)的第一积分为

$$D_1\Lambda_{d,2}[x^\alpha(\tau-1),\ x^\alpha(\tau)] = \text{const}, \tag{5.2.34}$$

$$D_1\Lambda_{d,1}[x^\alpha(\tau-1),\ x^\alpha(\tau)] = \text{const}, \tag{5.2.35}$$

或

$$m\frac{x^2(\tau)-x^2(\tau-1)}{x^1(\tau)-x^1(\tau-1)} = \text{const}, \tag{5.2.36}$$

$$\frac{1}{2}m\frac{[x^2(\tau)-x^2(\tau-1)]^2}{[x^1(\tau)-x^1(\tau-1)]^2} = \text{const}. \tag{5.2.37}$$

很明显,(5.2.36)式是离散系统(5.2.26)的动量积分,而(5.2.37)式是其能量积分.

例 2 考虑 Kepler 问题,其 Lagrangian 为

$$L = \frac{1}{2}(\dot{q}_1^2 + \dot{q}_2^2) + \mu(q_1^2 + q_2^2)^{-\frac{1}{2}} \quad (q_1^2 + q_2^2) \neq 0. \tag{5.2.38}$$

令

$$x^1 = t,\ x^2 = q_1,\ x^3 = q_2. \tag{5.2.39}$$

因此,在事件空间 Lagrangian 可被写成

$$\Lambda[x^{\alpha},(x^{\alpha})']=\frac{1}{2(x^{1})'}\{[(x^{2})']^{2}+[(x^{3})']^{2}\}+\mu(x^{1})'[(x^{2})^{2}+(x^{3})^{2}]. \quad (5.2.40)$$

则离散的 Lagrangian 是

$$\Lambda_{d}[Rx^{\alpha}(\tau),x^{\alpha}(\tau)]=\frac{1}{2}\frac{[x^{2}(\tau)-x^{2}(\tau-1)]^{2}+[x^{3}(\tau)-x^{3}(\tau-1)]^{2}}{x^{1}(\tau)-x^{1}(\tau-1)}+\mu[x^{1}(\tau)-x^{1}(\tau)]\{[x^{2}(\tau-1)]^{2}+[x^{3}(\tau-1)]^{2}\}. \quad (5.2.41)$$

利用方程(5.2.15),离散方程 Euler-Lagrange 可被写成下面的形式

$$-\frac{1}{2}\frac{[x^{2}(\tau)-x^{2}(\tau-1)]^{2}+[x^{3}(\tau)-x^{3}(\tau-1)]^{2}}{[x^{1}(\tau)-x^{1}(\tau-1)]^{2}}+\frac{1}{2}\frac{[x^{2}(\tau+1)-x^{2}(\tau)]^{2}+[x^{3}(\tau+1)-x^{3}(\tau)]^{2}}{[x^{1}(\tau+1)-x^{1}(\tau)]^{2}}+\mu[x^{2}(\tau-1)]^{2}+\mu[x^{3}(\tau-1)]^{2}-\mu[x^{2}(\tau)]^{2}-\mu[x^{3}(\tau)]^{2}=0, \quad (5.2.42)$$

$$\frac{x^{2}(\tau)-x^{2}(\tau-1)}{x^{1}(\tau)-x^{1}(\tau-1)}-\frac{x^{2}(\tau+1)-x^{2}(\tau)}{x^{1}(\tau+1)-x^{1}(\tau)}+2\mu[x^{1}(\tau+1)-x^{1}(\tau)]x^{2}(\tau)=0, \quad (5.2.43)$$

$$\frac{x^{3}(\tau)-x^{3}(\tau-1)}{x^{1}(\tau)-x^{1}(\tau-1)}-\frac{x^{3}(\tau+1)-x^{3}(\tau)}{x^{1}(\tau+1)-x^{1}(\tau)}+2\mu[x^{1}(\tau+1)-x^{1}(\tau)]x^{3}(\tau)=0. \quad (5.2.44)$$

直接验证表明

$$\Lambda_{d}[Rx^{\alpha}(\tau),x^{\alpha}(\tau)]=\frac{1}{2}\frac{[x^{2}(\tau)-x^{2}(\tau-1)]^{2}+[x^{3}(\tau)-x^{3}(\tau-1)]^{2}}{x^{1}(\tau)-x^{1}(\tau-1)}+\mu[x^{1}(\tau)-x^{1}(\tau)]\{[x^{2}(\tau-1)]^{2}+[x^{3}(\tau-1)]^{2}\}.$$

相对下面的无限小变换

$$(x^1)^*(\tau) = x^1(\tau) + \varepsilon, \tag{5.2.45}$$

$$(x^2)^*(\tau) = x^2(\tau), \tag{5.2.46}$$

$$(x^3)^*(\tau) = x^3(\tau), \tag{5.2.47}$$

是差分不变(其中 $v=0$). 所以,利用定理,我们立即分别获得方程(5.2.42)的第一积分为

$$D_1\Lambda_{d,1}[x^\alpha(\tau-1), x^\alpha(\tau)] = \text{const}, \tag{5.2.48}$$

或

$$-\frac{1}{2}\frac{[x^2(\tau)-x^2(\tau-1)]^2+[x^3(\tau)-x^3(\tau-1)]^2}{[x^1(\tau)-x^1(\tau-1)]^2}+ \\ \mu[x^2(\tau-1)]^2+\mu[x^3(\tau-1)]^2 = \text{const}. \tag{5.2.49}$$

式(5.2.49)是离散系统(5.2.41)的"能量"积分.

另外,如果我们引入下面的无限小变换

$$(x^1)^*(\tau) = x^1(\tau), \tag{5.2.50}$$

$$(x^2)^*(\tau) = x^2(\tau) - \varepsilon x^3(\tau), \tag{5.2.51}$$

$$(x^3)^*(\tau) = x^3(\tau) + \varepsilon x^2(\tau). \tag{5.2.52}$$

经过简单的计算,我们得知:方程(5.2.41)对上面的变换也是差分不变的(其中 $v=0$),故方程(5.2.43)和(5.2.44)的第一积分为

$$u^2[x^\alpha(\tau-1),\tau-1]D_1\Lambda_{d,2}[x^\alpha(\tau-1), x^\alpha(\tau)]+ \\ u^3[x^\alpha(\tau-1),\tau-1]D_1\Lambda_{d,3}[x^\alpha(\tau-1), x^\alpha(\tau)] = \text{const}, \tag{5.2.53}$$

或

$$\frac{x^2(\tau)x^3(\tau-1)-x^2(\tau-1)x^3(\tau)}{x^1(\tau)-x^1(\tau-1)} = \text{const}. \tag{5.2.54}$$

显然，式(5.2.54)是离散系统(5.2.41)的角动量积分.

5.2.5 结论

首先，提出事件空间中离散 Lagrange-D'Alembert 原理，由此导出事件空间中完整保守系统的离散运动方程，接着我们给出事件空间中离散 Lagrange 函数不变性的定义，并且证明了完整保守系统在事件空间中的离散 Noether 定理，利用此定理我们不仅可以获得系统的离散“动量”积分，而且可以得到系统的离散“能量”积分.

5.3 事件空间中 Birkhoff 系统的离散变分原理和第一积分

5.3.1 引言

1927 年，美国数学家 Birkhoff[176] 在他的专著中，提出了一个新形式的动力学方程，该方程比 Hamilton 方程更一般，被美国物理学家 Santilli[177] 称为 Birkhoff 方程. 研究 Birkhoff 动力学是现代分析力学一个重要的发展方向，我国数学力学家梅凤翔教授和他的合作者[178-183] 给出了非完整约束系统的 Birkhoff 表示；研究了它的对称性理论、全局分析、运动的稳定性和其几何描述；构建了 Birkhoff 动力学的理论框架. 然而，有关 Birkhoff 系统的算法却很少见到，本节的目的是利用事件空间中离散变分原理来研究 Birkhoff 系统的对称性和第一积分.

为了方便，本节中我们使用 Einstein 的求和约定. 下标：$s=1, 2, \cdots, n$; $\mu, \nu, \rho=1, 2, \cdots, 2n$; $\alpha, \beta=1, 2, \cdots, 2n+1$.

5.3.2 Birkhoff 系统的运动微分方程

Birkhoff 方程可以被写成下面的形式

$$\left(\frac{\partial R_\nu}{\partial a_\mu}-\frac{\partial R_\mu}{\partial a_\nu}\right)\dot{a}_\nu-\frac{\partial B}{\partial a_\mu}-\frac{\partial R_\mu}{\partial t}=0, \tag{5.3.1}$$

其中 $B=B(t, \boldsymbol{a})$ 是 Birkhoffian，$R_\mu=R_\mu(t, \boldsymbol{a})$ 是 Birkhoff 函数组，这里的 $\boldsymbol{a}=(a_1, a_2\cdots, a_{2n})$，而 a_μ 是独立变量. 被方程(5.3.1)描述的系统我们称其为 Birkhoff 系统.

引入表示符号

$$\Omega_{\mu\nu}=\frac{\partial R_\nu}{\partial a_\mu}-\frac{\partial R_\mu}{\partial a_\nu}, \tag{5.3.2}$$

通常被叫做 Birkhoff 张量，如果系统(5.3.1)是非奇异的，即

$$\det(\Omega_{\mu\nu})\neq 0, \tag{5.3.3}$$

则我们由方程(5.3.1)可以解出所有的 $\dot{a}_\mu$ 如下

$$\dot{a}_\mu=\Omega^{\mu\nu}\left(\frac{\partial B}{\partial a_\nu}+\frac{\partial R_\nu}{\partial t}\right), \tag{5.3.4}$$

其中

$$\Omega^{\mu\nu}\Omega_{\nu\rho}=\delta_{\mu\rho}, \tag{5.3.5}$$

$\Omega^{\mu\nu}$ 是 Birkhoff 逆变张量.

文献[178]指出：所有的完整约束系统和所有的非完整约束系统都可以被表述成为 Birkhoff 系统，因此，Birkhoff 系统是一类更一般的约束力学系统.

如果我们令

$$a_\mu=\begin{cases}q_\mu & (\mu=1, 2, \cdots, n),\\ p_\mu & (\mu=n+1, \cdots, 2n),\end{cases} \tag{5.3.6a}$$

$$R_\nu=\begin{cases}p_\nu & (\nu=1, 2, \cdots, n),\\ 0 & (\nu=n+1, \cdots, 2n),\end{cases} \tag{5.3.6b}$$

$$B=H. \tag{5.3.6c}$$

则 Birkhoff 方程(5.3.1)立刻就变成下面的 Hamilton 正则方程

$$\dot{q}_s = \frac{\partial H}{\partial p_s}, \tag{5.3.7a}$$

$$\dot{p}_s = -\frac{\partial H}{\partial q_s}. \tag{5.3.7b}$$

5.3.3 在事件空间 Birkhoff 系统的变分原理

(1) 在位型空间 Birkhoff 系统的变分原理

我们首先回顾一下,在通常的位型空间 Birkhoff 系统的变分原理,设 M 表示位型空间,其坐标为 a_μ, $\mu = 1, 2, \cdots, 2n$. 若系统的 Birkhoffian 为 B: $\mathbb{R}\times M \to \mathbb{R}$;Birkhoff 函数组是 R_ν: $\mathbb{R}\times M \to \mathbb{R}$, $\nu = 1, 2, \cdots, 2n$. 则 Pfaff 作用量可由下式子给出

$$J = \int_{t_1}^{t_2} \{R_\mu(t, \boldsymbol{a})\mathrm{d}a_\mu - B(t, \boldsymbol{a})\mathrm{d}t\}, \tag{5.3.8}$$

其中 $a_\mu = a_\mu(t)$ 是位型空间 M 中的一个 C^2 曲线.

Pfaff-Birkhoff 变分原理的实质是:寻找曲线 $a_\mu(t)$, $a_\mu(t)$ 在固定端点的情况下的变分使作用量泛函 J 取驻定值. 首先,我们引进下面的无限小变换

$$t^* = t, \tag{5.3.9a}$$

$$a_\mu^* = a_\mu + \varepsilon\xi_\mu(t, \boldsymbol{a}), \tag{5.3.9b}$$

其中 ε 是无限小参数, $\xi_\mu(t, \boldsymbol{a})$ 是无限小生成元.

其次,我们来计算 J 在 $a_\mu(t)$ 的变分

$$\begin{aligned}\delta J &= \int_{t_1}^{t_2} [R_\mu(t, \boldsymbol{a}^*)\mathrm{d}a_\mu^* - B(t, \boldsymbol{a}^*)\mathrm{d}t] - \\ &\quad \int_{t_1}^{t_2} [R_\mu(t, \boldsymbol{a})\mathrm{d}a_\mu - B(t, \boldsymbol{a})\mathrm{d}t] \\ &= \int_{t_1}^{t_2} \left[R_\mu(t, \boldsymbol{a})\frac{\mathrm{d}}{\mathrm{d}t}\delta a_\mu + \frac{\partial R_\mu(t, \boldsymbol{a})}{\partial a_\nu}\delta a_\nu \dot{a}_\mu - \frac{\partial B(t, \boldsymbol{a})}{\partial a_\nu}\delta a_\nu\right]\mathrm{d}t\end{aligned}$$

$$= \int_{t_1}^{t_2} \left\{ \frac{\mathrm{d}}{\mathrm{d}t}[R_\mu(t, \boldsymbol{a})\delta a_\mu] - \frac{\mathrm{d}}{\mathrm{d}t}[R_\mu(t, \boldsymbol{a})]\delta a_\mu + \frac{\partial R_\mu(t, \boldsymbol{a})}{\partial a_\nu}\delta a_\nu \dot{a}_\mu - \frac{\partial B(t, \boldsymbol{a})}{\partial a_\nu}\delta a_\nu \right\} \mathrm{d}t$$

$$= \int_{t_1}^{t_2} \left\{ \begin{array}{c} \left(\dfrac{\partial R_\nu(t, \boldsymbol{a})}{\partial a_\mu} - \dfrac{\partial R_\mu(t, \boldsymbol{a})}{\partial a_\nu} \right)\dot{a}_\nu - \\ \left(\dfrac{\partial B(t, \boldsymbol{a})}{\partial a_\mu} + \dfrac{\partial R_\mu(t, \boldsymbol{a})}{\partial t} \right) \end{array} \right\} \xi_\mu \mathrm{d}t + R_\mu(t, \boldsymbol{a})\xi_\mu \Big|_{t_1}^{t_2}. \tag{5.3.10}$$

如果 $\xi_\mu[\boldsymbol{a}(t_1)] = \xi_\mu[\boldsymbol{a}(t_2)] = 0$，因此 $\delta J = 0$ 导致 $a_\mu(t)$ 满足下面的 Birkhoff 方程：

$$\left(\frac{\partial R_\nu(t, \boldsymbol{a})}{\partial a_\mu} - \frac{\partial R_\mu(t, \boldsymbol{a})}{\partial a_\nu} \right)\dot{a}_\nu - \left(\frac{\partial B(t, \boldsymbol{a})}{\partial a_\mu} + \frac{\partial R_\mu(t, \boldsymbol{a})}{\partial t} \right) = 0. \tag{5.3.11}$$

(2) 在事件空间 Birkhoff 系统的变分原理

对 Birkhoff 系统，下面我们引进一个事件空间 $\mathbf{R}^{2n+1}$，此空间中一个点的坐标是 a_μ 和 t. 引入表示

$$x^1 = t, \quad x^{\mu+1} = a_\mu, \tag{5.3.12}$$

则全部变量 x^α 可以被看作某个参数 ϑ 的函数，如上节所说：参数 ϑ 的选取没有什么特别的要求. 令

$$x^\alpha = x^\alpha(\vartheta), \tag{5.3.13}$$

是 C^2 类曲线，因此

$$(x^\alpha)' = \mathrm{d}x^\alpha/\mathrm{d}\vartheta, \tag{5.3.14}$$

不可能全部同时等于零. 我们令

$$\dot{x}^\alpha = \mathrm{d}x^\alpha/\mathrm{d}t = (x^\alpha)'/(x^1)', \tag{5.3.15}$$

其中 $\dot{x}^\alpha$ 表示 x^α 对 t 的导数，$(x^\alpha)'$ 表示 x^α 对 ϑ 的导数.

很容易证明[195, 196]：对一个任意函数 $F = F(t, \boldsymbol{a}, \dot{\boldsymbol{a}})$，我们有

$$\begin{aligned}&\widetilde{F}[x^\alpha, (x^\alpha)'] \\ &= (x^1)'F[x^\alpha, (x^2)'/(x^1)', \cdots, (x^{2n+1})'/(x^1)'].\end{aligned} \tag{5.3.16}$$

很明显，$\widetilde{F}$ 是 x'_α 的零阶齐次函数. 在位型空间已知系统的 Pfaffian 为 $P(t, \boldsymbol{a}, \dot{\boldsymbol{a}})$，则在事件空间的 Pfaffian $\Lambda[x^\alpha, (x^\alpha)']$ 可由下面的方程给出

$$\begin{aligned}\Lambda[x^\alpha, (x^\alpha)'] &= (x^1)'P[x^\alpha, (x^2)'/(x^1)', \cdots, (x^{2n+1})'/(x^1)'] \\ &= \overline{R}_{\mu+1}(x^\alpha)(x^{\mu+1})' - B(x^\alpha)(x^1)',\end{aligned} \tag{5.3.17}$$

其中 $\overline{R}_{\mu+1} = R_\mu$，我们有

$$\frac{\partial\Lambda[x^\alpha, (x^\alpha)']}{\partial(x^\alpha)'}(x^\alpha)' = \Lambda[x^\alpha, (x^\alpha)']. \tag{5.3.18}$$

则事件空间的 Pfaff-Birkhoff 原理有下面形式

$$\begin{aligned}\delta\widetilde{J} &= \int_{\vartheta_1}^{\vartheta_2}\delta\Lambda[x^\alpha, (x^\alpha)']\mathrm{d}\vartheta = 0, \\ \delta x^\alpha\,|_{\vartheta=\vartheta_1} &= \delta x^\alpha\,|_{\vartheta=\vartheta_2} = 0.\end{aligned} \tag{5.3.19}$$

我们直接计算上面的变分，可得

$$\begin{aligned}&\int_{\vartheta_1}^{\vartheta_2}\delta\Lambda[x^\alpha, (x^\alpha)']\mathrm{d}\vartheta \\ &= \int_{\vartheta_1}^{\vartheta_2}\left\{\overline{R}_{\mu+1}(x^\alpha + \delta x^\alpha)\left[(x^{\mu+1})' + \frac{\mathrm{d}}{\mathrm{d}\vartheta}(\delta x^{\mu+1})\right] - \right. \\ &\quad \left. B(x^\alpha + \delta x^\alpha)\left[(x^1)' + \frac{\mathrm{d}}{\mathrm{d}\vartheta}(\delta x^1)\right]\right\}\mathrm{d}\vartheta - \\ &\quad \int_{\vartheta_1}^{\vartheta_2}[\overline{R}_{\mu+1}(x^\alpha)(x^{\mu+1})' - B(x^\alpha)(x^1)']\mathrm{d}\vartheta\end{aligned}$$

$$
\begin{aligned}
&= \int_{\vartheta_1}^{\vartheta_2} \Big\{ \overline{R}_{\mu+1}(x^{\alpha}) \frac{\mathrm{d}}{\mathrm{d}\vartheta}(\delta x^{\mu+1}) + \frac{\partial \overline{R}_{\mu+1}}{\partial x^{\beta}} \delta x^{\beta} (x^{\mu+1})' - \\
&\quad B(x^{\alpha}) \frac{\mathrm{d}}{\mathrm{d}\vartheta}(\delta x^{1}) + \frac{\partial B}{\partial x^{\beta}} \delta x^{\beta} (x^{1})' \Big\} \mathrm{d}\vartheta \\
&= \int_{\vartheta_1}^{\vartheta_2} \Big\{ \Big[\Big(\frac{\partial \overline{R}_{\mu+1}}{\partial x^{\nu+1}} - \frac{\partial \overline{R}_{\nu+1}}{\partial x^{\mu+1}} \Big) (x^{\mu+1})' - \\
&\quad \Big(\frac{\partial \overline{R}_{\nu+1}}{\partial x^{1}} + \frac{\partial B}{\partial x^{\nu+1}} \Big) (x^{1})' \Big] \delta x^{\nu+1} \Big\} \mathrm{d}\vartheta + \\
&\quad \int_{\vartheta_1}^{\vartheta_2} \Big\{ \Big(\frac{\partial \overline{R}_{\mu+1}}{\partial x^{1}} + \frac{\partial B}{\partial x^{\mu+1}} \Big) (x^{\mu+1})' \delta x^{1} \Big\} \mathrm{d}\vartheta + \\
&\quad [\overline{R}_{\mu+1}(x^{\alpha}) \delta x^{\mu+1} - B(x^{\alpha}) \delta x^{1}] \big|_{\vartheta_1}^{\vartheta_2}.
\end{aligned}
\tag{5.3.20}
$$

如果 $\delta x^{\alpha}(\vartheta_1) = \delta x^{\alpha}(\vartheta_2) = 0$，则对任意选取的 δx^{α} 要求 $\delta \widetilde{J} = 0$ 将导致 Birkhoff 系统的参数运动方程如下

$$
\Big(\frac{\partial \overline{R}_{\mu+1}}{\partial x^{\nu+1}} - \frac{\partial \overline{R}_{\nu+1}}{\partial x^{\mu+1}} \Big) (x^{\mu+1})' - \Big(\frac{\partial \overline{R}_{\nu+1}}{\partial x^{1}} + \frac{\partial B}{\partial x^{\nu+1}} \Big) (x^{1})' = 0,
\tag{5.3.21a}
$$

和

$$
\Big(\frac{\partial \overline{R}_{\mu+1}}{\partial x^{1}} + \frac{\partial B}{\partial x^{\mu+1}} \Big) (x^{\mu+1})' = 0.
\tag{5.3.21b}
$$

5.3.4 事件空间 Birkhoff 系统的离散变分原理和第一积分

在事件空间，我们定义离散的作用量和为

$$
\widetilde{J}_d(x^{\alpha}) = \sum_{\tau=1}^{N} \Lambda_d[x^{\alpha}(\tau-1), x^{\alpha}(\tau)],
\tag{5.3.22}
$$

其中 $\tau \in \{0, 1, 2, \cdots, N\}$，$\tau$ 是离散参数，$\Lambda_d[x^{\alpha}(\tau-1), x^{\alpha}(\tau)]$ 是

事件空间的离散 Pfaffian，可以通过在给定的 Pfaffian 中分别用 $x^{\alpha}(\tau)-x^{\alpha}(\tau-1)$ 代替 $(x^{\alpha})'$，$x^{\alpha}(\tau-1)$ 代替 x^{α} 来得到，则离散 Pfaff-Birkhoff 原理可由下式给出

$$\delta\widetilde{J}_d(x^{\alpha})=\sum_{\tau=1}^{N}\delta\Lambda_d[x^{\alpha}(\tau-1),\ x^{\alpha}(\tau)]=0,$$
$$\delta x^{\alpha}(0)=\delta x^{\alpha}(N)=0. \tag{5.3.23}$$

方程(5.3.23)与方程(5.3.19)是等价的.

命题 5.3.1 在事件空间，如果已知 Birkhoff 系统的离散 Pfaffian 为 $\Lambda_d[x^{\alpha}(\tau-1),\ x^{\alpha}(\tau)]$，利用原理(5.3.23)，则离散 Birkhoff 系统的参数运动方程可被导出如下

$$D_2\Lambda_{d,\alpha}[x^{\beta}(\tau-1),\ x^{\beta}(\tau)]+$$
$$D_1\Lambda_{d,\alpha}[x^{\beta}(\tau),\ x^{\beta}(\tau+1)]=0, \tag{5.3.24}$$

其中 $D_i\Lambda_{d,\alpha}$ 表示 Λ_d 相对其第 i 变量下标是 α 的偏导数.

证明 由方程(5.3.23)，我们有

$$\begin{aligned}\delta\widetilde{J}_d(x^{\alpha})=&\frac{\partial\Lambda_{d,\alpha}[x^{\beta}(\tau-1),\ x^{\beta}(\tau)]}{\partial x^{\alpha}(\tau-1)}\delta x^{\alpha}(\tau-1)+\\&\frac{\partial\Lambda_{d,\alpha}[x^{\beta}(\tau-1),\ x^{\beta}(\tau)]}{\partial x^{\alpha}(\tau)}\delta x^{\alpha}(\tau)\\=&\left\{\frac{\partial\Lambda_{d,\alpha}[x^{\beta}(\tau-1),\ x^{\beta}(\tau)]}{\partial x^{\alpha}(\tau)}+\right.\\&\left.\frac{\partial\Lambda_{d,\alpha}[x^{\beta}(\tau),\ x^{\beta}(\tau+1)]}{\partial x^{\alpha}(\tau)}\right\}\delta x^{\alpha}(\tau)=0,\end{aligned} \tag{5.3.25}$$

在上面的推导中，我们已经利用了离散的分部积分法(即重新安排求和)和端点条件 $\delta x^{\alpha}(0)=\delta x^{\alpha}(N)=0$. 对任意选取的 $\delta x^{\alpha}(\tau)$，如果要求方程(5.3.25)等于零，则我们可以得到事件空间的离散的 Birkhoff 方程(5.3.24).

本节我们作了一个类似于连续情况的讨论，通过直接研究离散

Pfaffian $\Lambda_d[x^\alpha(\tau-1), x^\alpha(\tau)]$ 的不变性,给出了一个寻找离散 Birkhoff 方程第一积分的一个方法.

引入下面的无限小变换

$$(x^\alpha)^*(\tau) = x^\alpha(\tau) + \varepsilon u^\alpha(\tau), \tag{5.3.26}$$

其中 ε 是一个参数, $u^\alpha(\tau) = u^\alpha[x^\beta(\tau), \tau]$ 是一个依赖 τ 和 $x^\beta(\tau)$ 的序列,其中 $\tau = 1, 2, \cdots, N$.

定义 如果存在一个序列 $g[x^\alpha(\tau), \tau]$, $\tau = 1, 2, \cdots, N$, 对每一个 τ 使下式成立

$$\delta\Lambda_d\{\varepsilon u^\alpha[x^\beta(\tau), \tau]\} = \varepsilon\{\Delta g[x^\beta(\tau), \tau]\}, \tag{5.3.27}$$

其中 $\delta\Lambda_d$ 由下面的公式给出[133]

$$\begin{aligned}\delta\Lambda_d[\delta x^\alpha(\tau)] = \{&D_2\Lambda_{d,\alpha}[x^\beta(\tau-1), x^\beta(\tau)] + \\ &D_1\Lambda_{d,\alpha}[x^\beta(\tau), x^\beta(\tau+1)]\}\delta x^\alpha(\tau) + \\ &\Delta\{-\delta x^\alpha(\tau-1)D_1\Lambda_{d,\alpha}[x^\beta(\tau-1), x^\beta(\tau)]\}.\end{aligned} \tag{5.3.28}$$

其中 Δ 是差分算子, 即 $\Delta x^\alpha(\tau) = x^\alpha(\tau+1) - x^\alpha(\tau)$, 则我们称离散 Pfaffian $\Lambda_d[x^\alpha(\tau-1), x^\alpha(\tau)]$ 相对无限小变换(5.3.26)是差分不变.

基于离散 Pfaff-Birkhoff 原理,我们可以证明下面的命题.

命题 5.3.2 对无限小变换(5.3.26),如果离散 Pfaffian $\Lambda_d[x^\alpha(\tau-1), x^\alpha(\tau)]$ 是 差分不变,并且方程(5.3.24)成立,则

$$\begin{aligned}u^\alpha[x^\beta(\tau-1), \tau-1]D_1\Lambda_{d,\alpha}[x^\beta(\tau-1), x^\beta(\tau)] + \\ g[x^\beta(\tau), \tau] = \text{const}.\end{aligned} \tag{5.3.29}$$

证明 由方程(5.3.26)和(5.3.27),我们有

$$\begin{aligned}&\{D_2\Lambda_{d,\alpha}[x^\beta(\tau-1), x^\beta(\tau)] + \\ &D_1\Lambda_{d,\alpha}[x^\beta(\tau), x^\beta(\tau+1)]\}\varepsilon u^\alpha[x^\beta(\tau), \tau] + \\ &\Delta\{-u^\alpha[x^\beta(\tau-1), \tau-1]D_1\Lambda_{d,\alpha}[x^\beta(\tau-1), x^\beta(\tau)]\} \\ &= \varepsilon\Delta g[x^\beta(\tau), \tau].\end{aligned}$$

利用方程(5.3.24),经简化后,我们可以得到

$$\Delta\{u^{\alpha}[x^{\beta}(\tau-1),\ \tau-1]D_1\Lambda_{d,\,\alpha}[x^{\beta}(\tau-1),\ x^{\beta}(\tau)]+ g[x^{\beta}(\tau),\ \tau]\}=0, \tag{5.3.30}$$

故方程(5.3.29)成立. 命题 5.3.2 获证.

5.3.5 例子

考虑一个二阶 Birkhoff 系统,其 Birkhoffian 为

$$B=\frac{1}{2}[(ta_1)^2+(a_2)^2], \tag{5.3.31a}$$

Birkhoff 函数组为

$$R_1=0,\quad R_2=ta_1. \tag{5.3.31b}$$

令

$$x^1=t,\quad x^2=a_1,\quad x^3=a_2. \tag{5.3.32}$$

因此,在事件空间,Pfaffian 可以被写成

$$\Lambda[x^{\alpha},\ (x^{\alpha})']=x^1x^2(x^3)'-\frac{1}{2}[(x^1x^2)^2+(x^3)^2](x^1)'. \tag{5.3.33}$$

则离散的 Pfaffian 是

$$\begin{aligned}&\Lambda_d[x^{\alpha}(\tau-1),\ x^{\alpha}(\tau)]\\&=x^1(\tau-1)x^2(\tau-1)[x^3(\tau)-x^3(\tau-1)]-\\&\quad\frac{1}{2}\{[x^1(\tau-1)x^2(\tau-1)]^2+\\&\quad[x^3(\tau-1)]^2\}[x^1(\tau)-x^1(\tau-1)].\end{aligned} \tag{5.3.34}$$

根据方程(5.3.24),我们可以得到下面的离散 Birkhoff 方程

$$\frac{1}{2}\{[x^1(\tau)x^2(\tau)]^2+[x^3(\tau)]^2\}-$$
$$\frac{1}{2}\{[x^1(\tau-1)x^2(\tau-1)]^2+[x^3(\tau-1)]^2\}+$$
$$x^2(\tau)[x^3(\tau+1)-x^3(\tau)]-$$
$$x^1(\tau)[x^2(\tau)]^2[x^1(\tau+1)-x^1(\tau)]=0, \tag{5.3.35a}$$
$$x^1(\tau)[x^3(\tau+1)-x^3(\tau)]-$$
$$[x^1(\tau)]^2x^2(\tau)[x^1(\tau+1)-x^1(\tau)]=0, \tag{5.3.35b}$$
$$x^1(\tau-1)x^2(\tau-1)-x^1(\tau)x^2(\tau)-$$
$$x^3(\tau)[x^1(\tau+1)-x^1(\tau)]=0. \tag{5.3.35c}$$

直接验证表明

$$\begin{aligned}&\Lambda_d[x^\alpha(\tau-1),\ x^\alpha(\tau)]\\&=x^1(\tau-1)x^2(\tau-1)[x^3(\tau)-x^3(\tau-1)]-\\&\quad\frac{1}{2}\{[x^1(\tau-1)x^2(\tau-1)]^2+\\&\quad[x^3(\tau-1)]^2\}[x^1(\tau)-x^1(\tau-1)].\end{aligned}$$

相对下面的无限小变换

$$(x^1)^*(\tau)=x^1(\tau)-\varepsilon, \tag{5.3.36a}$$
$$(x^2)^*(\tau)=x^2(\tau)+\varepsilon\frac{x^2(\tau)}{x^1(\tau)}, \tag{5.3.36b}$$
$$(x^3)^*(\tau)=x^3(\tau). \tag{5.3.36c}$$

是差分不变(其中 $g=0$). 所以,利用定理,我们立即可以获得方程(5.3.35)的第一积分

$$u^1[x^\beta(\tau-1),\ \tau-1]D_1\Lambda_{d,1}[x^\beta(\tau-1),\ x^\beta(\tau)]+$$
$$u^2[x^\beta(\tau-1),\ \tau-1]D_1\Lambda_{d,2}[x^\beta(\tau-1),\ x^\beta(\tau)]=\text{const}, \tag{5.3.37a}$$

或

$$\frac{1}{2}\{[x^1(\tau-1)x^2(\tau-1)]^2+[x^3(\tau-1)]^2\}=\text{const.}\tag{5.3.37b}$$

如果我们按下面的形式离散 Pfaffian

$$\begin{aligned}&\Lambda_d[x^\alpha(\tau-1),\ x^\alpha(\tau)]\\&=x^{1,\ \tau-1/2}x^{2,\ \tau-1/2}[x^3(\tau)-x^3(\tau-1)]-\\&\quad\frac{1}{2}[(x^{1,\ \tau-1/2}x^{2,\ \tau-1/2})^2+\\&\quad(x^{3,\ \tau-1/2})^2][x^1(\tau)-x^1(\tau-1)],\end{aligned}\tag{5.3.38}$$

其中

$$x^{i,\ \tau-1/2}=\frac{x^i(\tau-1)+x^i(\tau)}{2},$$

$$x^{i,\ \tau+1/2}=\frac{x^i(\tau)+x^i(\tau+1)}{2},\quad i=1,\ 2,\ 3.\tag{5.3.39}$$

利用方程(5.3.24),我们可以获得相应的离散的 Birkhoff 方程

$$\begin{aligned}&\frac{1}{2}x^{2,\ \tau-1/2}[x^3(\tau)-x^3(\tau-1)]-\\&\frac{1}{2}[(x^{1,\ \tau-1/2}x^{2,\ \tau-1/2})^2+(x^{3,\ \tau-1/2})^2]-\\&\frac{1}{2}x^{1,\ \tau-1/2}(x^{2,\ \tau-1/2})^2[x^1(\tau)-x^1(\tau-1)]+\\&\frac{1}{2}x^{2,\ \tau+1/2}[x^3(\tau+1)-x^3(\tau)]+\\&\frac{1}{2}[(x^{1,\ \tau+1/2}x^{2,\ \tau+1/2})^2+(x^{3,\ \tau+1/2})^2]-\\&\frac{1}{2}x^{1,\ \tau+1/2}(x^{2,\ \tau+1/2})^2[x^1(\tau+1)-x^1(\tau)]=0.\end{aligned}\tag{5.3.40a}$$

$$\frac{1}{2}x^{1,\,\tau-1/2}[x^3(\tau)-x^3(\tau-1)]-$$

$$\frac{1}{2}(x^{1,\,\tau-1/2})^2x^{2,\,\tau-1/2}[x^1(\tau)-x^1(\tau-1)]+$$

$$\frac{1}{2}x^{1,\,\tau+1/2}[x^3(\tau+1)-x^3(\tau)]-$$

$$\frac{1}{2}(x^{1,\,\tau+1/2})^2x^{2,\,\tau+1/2}[x^1(\tau+1)-x^1(\tau)]=0, \quad (5.3.40\text{b})$$

$$x^{1,\,\tau-1/2}x^{2,\,\tau-1/2}-\frac{1}{2}x^{3,\,\tau-1/2}[x^1(\tau)-x^1(\tau-1)]-$$

$$x^{1,\,\tau+1/2}x^{2,\,\tau+1/2}-\frac{1}{2}x^{3,\,\tau+1/2}[x^1(\tau+1)-x^1(\tau)]=0.$$

(5.3.40c)

同样容易验证

$$\Lambda_d[x^\alpha(\tau-1),\,x^\alpha(\tau)]=x^{1,\,\tau-1/2}x^{2,\,\tau-1/2}[x^3(\tau)-x^3(\tau-1)]-$$

$$\frac{1}{2}[(x^{1,\,\tau-1/2}x^{2,\,\tau-1/2})^2+(x^{3,\,\tau-1/2})^2][x^1(\tau)-x^1(\tau-1)].$$

相对下面的无限小变换

$$(x^1)^*(\tau)=x^1(\tau)-\varepsilon, \quad (5.3.41\text{a})$$

$$(x^2)^*(\tau)=x^2(\tau)+\varepsilon\frac{x^{2,\,\tau-1/2}}{x^{1,\,\tau-1/2}}, \quad (5.3.41\text{b})$$

$$(x^3)^*(\tau)=x^3(\tau). \quad (5.3.41\text{c})$$

是差分不变(其中 $g=0$). 所以,利用定理,我们立即可以获得方程(5.3.40)的第一积分

$$\frac{1}{2}[(x^{1,\,\tau-1/2}x^{2,\,\tau-1/2})^2+(x^{3,\,\tau-1/2})^2]=\text{const.} \quad (5.3.42)$$

可见,Pfaffian 的离散形式与离散的第一积分之间没有必然的联系.

5.3.6 结论

首先,回顾了连续情况下 Pfaff-Birkhoff 变分原理和 Birkhoff 运动方程,进一步提出事件空间中 Pfaff-Birkhoff 变分原理和 Birkhoff 系统的参数运动方程,接着我们给出事件空间中离散 Pfaff-Birkhoff 变分原理和 Birkhoff 系统的离散参数运动方程,引入了事件空间中离散 Pfaffian 不变性的定义,并且证明了 Birkhoff 系统在事件空间中的离散 Noether 定理.

5.4 小结

鉴于上一章所得到的位型空间的离散 Noether 定理,只能给出系统的离散"动量"积分,而得不到系统的离散"能量"积分,本章我们进一步研究了事件空间中离散力学系统的对称性和第一积分,分二个部分:(1) 基于连续情况下事件空间中的 Lagrange-D'Alembert 原理和参数运动方程,我们提出了事件空间中离散 Lagrange-D'Alembert 原理,并由此导出完整保守系统在事件空间中的离散运动方程,接着我们给出事件空间离散 Lagrange 函数广义不变性的定义,并且证明了完整保守系统在事件空间中的离散 Noether 定理;(2) 回顾了连续情况下 Pfaff-Birkhoff 变分原理和 Birkhoff 运动方程,进一步提出事件空间中 Pfaff-Birkhoff 变分原理和 Birkhoff 系统的参数运动方程,接着我们给出事件空间中离散 Pfaff-Birkhoff 变分原理和 Birkhoff 系统的离散参数运动方程,引入了事件空间中离散 Pfaffian 不变性的定义,并且证明了 Birkhoff 系统在事件空间中的离散 Noether 定理;给出以上问题的应用例子.

结果表明:我们在事件空间中所得到的动力学系统的离散 Noether 定理,不仅可以给出系统的离散"动量"积分,同时也可以给出系统的离散"能量"积分,显然更有意义.

第六章 总结与展望

6.1 本文得到的主要结果

本文围绕动力学系统的对称性与守恒量这一主题，较系统地研究了动力学系统的 Lie 对称性和 Hojman 守恒量、动力学系统的 Lie 对称性与守恒量的逆问题和动力学系统的离散对称性与离散第一积分等三个方面的问题.

本文的主要工作和贡献如下：

1. 引入关于时间 t 和广义坐标 q_s 的无限小变换，给出非完整系统 Lie 对称的定义和确定方程，利用无限小对称变换的生成元构造了更一般的非完整系统 Hojman 守恒量.

2. 引入关于时间 t 和广义坐标 q_s 的无限小变换，给出 Birkhoff 系统 Lie 对称的定义和确定方程，利用无限小对称变换的生成元构造了更一般的 Birkhoff 系统的 Hojman 守恒量.

3. 基于微分方程的 Lie 对称性，提出了一个新形式的守恒量，其守恒量仅仅由系统的 Lie 对称变换生成元构成，而 Hojman 守恒量和 Lutzky 守恒量可分别视作其推论，研究了排除平凡 Hojman 守恒量的条件，并给出一个较为一般的证明.

4. 给出了 Hamilton 系统的梅对称性的定义和判据，研究了 Hamilton 系统的 Lie 对称性和 Hojman 守恒量，讨论了 Hamilton 系统的梅对称性与 Lie 对称性的关系，提出了由 Hamilton 系统的梅对称性求 Hojman 守恒量的方法.

5. 对于一阶非完整约束系统，利用它的函数独立的完全运动常数集和约束方程(视作系统的特殊的第一积分)来确定系统的特征函

数结构 $Z(t, \boldsymbol{q}, \dot{\boldsymbol{q}})$，再利用 $Z(t, \boldsymbol{q}, \dot{\boldsymbol{q}})$ 来求系统的无限小对称变换 $\tau(t, \boldsymbol{q}, \dot{\boldsymbol{q}})$ 和 $\xi_s(t, \boldsymbol{q}, \dot{\boldsymbol{q}})$.

6. 对于 Birkhoff 系统,利用它的函数独立的完全运动常数集来确定系统的特征函数结构 $Z(t, \boldsymbol{a})$，再利用 $Z(t, \boldsymbol{a})$ 来求系统的无限小对称变换 $\tau(t, \boldsymbol{a})$ 和 $\xi_\mu(t, \boldsymbol{a})$.

7. 研究了利用非完整系统的第一积分求其非等时变分方程特解的方法,而这个方法提供了一条求解动力学系统 Lie 对称逆问题的途径.

8. 基于离散 Lagrange-D'Alembert 原理,导出了非保守系统的离散运动方程,给出了离散 Lagrangian 广义差分不变性的一个定义,提出一个关于非保守系统离散运动方程的第一积分定理,并推广到多自由度非保守系统.

9. 基于离散 Lagrange-D'Alembert 原理,利用 Lagrange 乘子法导出了与一阶线性非完整系统对应的完整系统的离散运动方程,给出离散 Lagrangian 广义差分不变性的一个定义,提出了一阶线性非完整系统离散版本的 Noether 定理.

10. 基于连续情况的 Hamilton 变分原理,定义了相空间的离散 Lagrangian,提出了离散的 Hamilton 变分原理,导出了离散的 Hamilton 正则方程,给出了动力学系统离散版本的 Hamilton 形式 Noether 定理.

11. 提出事件空间中离散 Lagrange-D'Alembert 原理,导出事件空间中完整保守系统的离散运动方程,给出事件空间中离散 Lagrangian 差分不变性的定义,并且证明了完整保守系统在事件空间中的离散 Noether 定理.

12. 基于连续情况下 Pfaff-Birkhoff 变分原理和 Birkhoff 运动方程,提出事件空间中 Pfaff-Birkhoff 变分原理和 Birkhoff 系统的参数运动方程,给出事件空间中离散 Pfaff-Birkhoff 变分原理和 Birkhoff 系统的离散参数运动方程，引入了事件空间中离散 Pfaffian 不变性的定义,证明了 Birkhoff 系统在事件空间中的离散 Noether 定理.

6.2 未来研究的设想

1. 在2.4节中,我们既考虑了广义坐标的变分,又考虑了时间的变分,将时间 t 不再仅仅视作一个参数,而将其与广义坐标 q_s 同看作动力学变量,这个观点在现代物理学中非常重要,如何将这个新形式的守恒定律推广到场论和相对论中去,是我们未来的研究课题.

2. 在2.5节中,我们给出了由Hamilton系统的梅对称性求Hojman守恒量的方法,是否可以考虑将这个方法推广到其他动力学系统. 另外,梅对称性与守恒量的逆问题也将是我们应该关注的新课题.

3. 在利用Lie对称性求Hojman守恒量时,往往需要借助函数 $\mu(t, \boldsymbol{q}, \dot{\boldsymbol{q}})$,而 $\mu(t, \boldsymbol{q}, \dot{\boldsymbol{q}})$ 的求解却不是一件容易的事,这一点限制了Hojman定理的应用. 能否得到一个守恒量其构造既不需要Lagrangian或Hamiltonian,也不需要辅助函数 $\mu(t, \boldsymbol{q}, \dot{\boldsymbol{q}})$,而仅仅只需要系统的Lie对称生成元 $\tau(t, \boldsymbol{q}, \dot{\boldsymbol{q}})$ 和 $\xi_s(t, \boldsymbol{q}, \dot{\boldsymbol{q}})$,这将是一个有必要研究的课题.

4. 在3.4节中,我们所给出的解非完整系统的Lie对称性逆问题的方法,是否可以被应用来求其他动力学系统的Lie对称性的逆问题. 进一步是否可以发展一个求解二阶微分方程Lie对称性逆问题的方法.

5. 在第四章和第五章中,我们的讨论集中在离散系统的保Noether对称性问题;而对保系统的Noether对称性的相关算法、保系统的Lie对称性问题及相关算法以及这些算法在理论和工程上的应用等问题将是我们未来的研究方向.

6. 偏微分方程的对称性与守恒量问题将是未来研究的一个方向.

参考文献

[1] 赵凯华,罗蔚茵.新概念物理学教程—力学.北京:高等教育出版社,1995.

[2] C. G. J. Jacobi, Vorlesungen Über Dynamik. Berlin: Reimer. 1866.

[3] Schütz J. R. Prinzip der absoluten erhaltung der energie. Nachr. König. Gesell. Wissen. Göttingen, Math. Phys. KI. 1897, 110-123.

[4] Einstein A. Zur Elektrodynamik bewegter Körper. Ann. Phys. 1905, 17: 891-921.

[5] Engel F. Über die zehn allgemeinen integrale der klassischen mechanik. Nachr. König. Gesell. Wissen. Göttingen, Math. Phys. KI. 1916, 270-275.

[6] Noether E. Invariante variations probleme. Nachr. König. Gesell. Wissen. Göttingen , Math Phys KI. 1918, 235-257.

[7] Hill E. L. Hamilton's principle and the conservation theorems of mathematical physics. Rev. Mod. Phys. 1951, 23: 253-260.

[8] Dass T. Conservation laws and symmetries (Ⅱ). Phys. Rev. 1966, 150: 1251-1255.

[9] Rosen J. Noether's theory in classical field theory. Ann. Phys. 1972, 69: 349-363.

[10] Djukić D. S. Adiabatic invariance for dynamical systems with one degree of freedom. Int. J. Non-Linear Mech. 1976, 11: 489-498.

[11] Sarlet W. , Bahar L. Y. A direct construction of first integrals for certain non-liner dynamical systems. Int. J. Non-Linear Mech. 1979, 14: 133-146.

[12] Sarlet W. , Bahar L. Y. Quadratic integrals for linear nonconservative systems and connection with the inverse problem of lagrangian dynamics. Int. J. Non-Linear Mech. 1981, 16: 271-281.

[13] Sarlet W. Exact invariants for time-dependent Hamiltonian systems with one

degree-of-freedom. J. Math. Phys. 1978, 19: 1049 - 1054.

[14] Djukić D. S., Sutela T. Integrating factors and conservation laws for nonconservative mechanics. Int. J. Nonlinear Mech, 1967, 2: 257 - 260.

[15] Djukić D. S., Vujanović B. D. Noether's theory in classical nonconservative mechanics. Acta Mechanica, 1975, 23: 17 - 27.

[16] Vujanović B. D. Conservation laws of dynamical systems via d'Alembert's principle. Int. J. Nonlinear Mech, 1978, 13: 185 - 197.

[17] Candotti E. Palmieri C., Vitale B. On the inversion of noether's theorem in classical dynamical systems. Am. J. Phys. 1972, 40: 424 - 429.

[18] Sarlet W., Cantrijn F. Generalizations of noethers theorem in classical mechanics. SIAM Rev. 1981, 23: 467 - 494.

[19] 罗绍凯,梅凤翔.中国非完整力学三十年.开封:1994.

[20] 刘文森.经典力学系统的对称性和守恒律.山西大学学报,1978,(1):27 - 34.

[21] 刘文森.经典 Kepler 问题的动力学对称性.山西大学学报,1980,(4):51 - 55.

[22] 吴学谋.泛对称性与力学—力学中的泛对称性与 Noether 定理(Ⅰ)[J].力学与实践,1979,1(2):54 - 58.

[23] 吴学谋.泛对称性与力学—力学中的泛对称性与 Noether 定理(Ⅱ)[J].力学与实践,1980,2(3):24 - 28.

[24] 李子平.约束系统的变换性质.物理学报,1981,20(12):1659 -1671.

[25] Bahar L. Y., Kwanty H. G. Extension of noether's throrem to constrained nonconservative dynamical systems. Int. J. Nonlinear Mech. 1987, 22: 125 - 138.

[26] 李子平.经典和量子约束系统及其对称性质.北京:北京工业大学出版社,1993.

[27] Li Z. P. Generalized noether identities and application to Yang-Mills field theory. Int. J. Theor. Phys. 1987, 26(9): 853 - 860.

[28] Li Z. P., Li S. Generalized noether theorem and poincare invariant for nonconsevative nonholonomic system. Int. J. Theor. Phys. 1990, 29(7): 765 - 771.

[29] Li Z. P. Symmetry in a constrained hamilton system with singular higher-

order lagrangian. J. Phys. A: Math. Gen. 1991, 24: 4261 - 4274.
[30] 李子平. 高阶微商场论中奇异系统正则形式的 Noether 定理和 Poincare-Cartan 积分不变量. 中国科学: A 辑,1992,22(9):977 - 986.
[31] Li Z. P. The symmetry transormation of the constrained system with high-order derivatives. Acta Mathematica Scientica. 1985, 5 (4): 379 - 388.
[32] 李子平. 相空间中的 Noether 定理及其应用. 新疆大学学报,1989,6(3): 37 - 43.
[33] 李子平. 相空间中的 Noether 恒等式及其应用. 新疆大学学报,1990,7(4): 1 - 9.
[34] 李子平. 非完整奇异系统正则形式的广义 Noether 定理及逆定理. 黄淮学刊,1992,8(1): 8 - 15.
[35] 李子平. 正则形式的 Noether 定理及其应用. 科学通报,1991,36(12):958.
[36] 李子平. Hamilton 动力系统的对称性质. 北京工业大学学报,1990,16(3): 1 - 9.
[37] 李子平. 广义 Noether 恒等式与守恒荷. 高能物理与核物理,1988,12(6): 782 - 785.
[38] 李子平. 非完整非保守奇异系统正则形式的广义 Noether 定理及逆定理. 科学通报,1992,37(23):2204 - 2205.
[39] 罗勇,赵跃宇. 非线性非完整系统的广义 Noether 定理. 北京工业学院学报,1986,6(3):41 - 47.
[40] 刘端. 非完整非保守动力学系统的守恒律. 力学学报,1989,21(1): 75 - 83.
[41] 刘端. 非完整非保守动力学系统的 Noether 定理及其逆定理. 中国科学: A 辑,1990,20(11):1189 - 1198.
[42] 张解放. 高阶非完整非保守动力学系统的 Noether 定理科学通报,1989,34(22):1756 - 1757.
[43] 张解放. Vacco 动力学的 Noether 定理. 应用数学和力学,1993,14(7): 635 - 641.
[44] 罗绍凯. 相对论力学的广义守恒律. 信阳师范学院学报,1991,4(4): 57 - 64.
[45] 罗绍凯. 变质量高阶非线性非完整系统的相对论性分析力学理论. 河南科

学,1992,10(2):110-112.

[46] Luo S. K. Generalized noether theorem of nonholonomic system in noninertial reference frame. Applied Mathematics and Mechanics, 1991, 12(9):927-934.

[47] Luo S. K. Generalized noether theorem of variable mass higher-order nonholonomic system in noninertial reference frame. Chinese Science Bulletin. 1991, 36(22): 1930-1932.

[48] 俞慧丹,张解放,许友生.非完整系统相对非惯性系的 Noether 定理.应用数学和力学,1993,14(6):499-506.

[49] 赵跃宇.一般动力学系统的守恒律(Ⅰ).湘潭大学学报,1989,11(2):26-30.

[50] 赵跃宇.一般动力学系统的守恒律(Ⅱ).黄淮学刊,1990,6(1):27-34.

[51] 赵跃宇.一般动力学系统的守恒律(Ⅲ).黄淮学刊,1991,7(1):43-50.

[52] 赵跃宇.基于动力学守恒律的近似计算方法.湘潭大学学报,1990,12(2):38-42.

[53] 赵跃宇.关于非完整非保守力学系统 Noether 守恒量的独立性.湘潭大学学报,1992,14(3):39-43.

[54] 吴惠彬,梅凤翔,史荣昌.非完整非保守力学系统 Noether's 定理.北京:科学出版社,1992:67-71.

[55] 张毅.单面约束力学系统的基本理论研究.北京理工大学博士学位论文.1998.

[56] 张毅和梅凤翔.单面约束力学系统的 Noether 理论.应用数学和力学,2000,21(1):53-60.

[57] 梅凤翔.李群和李代数对约束力学系统的应用.北京:科学出版社,1999.

[58] 傅景礼,陈向炜,罗绍凯.相对论 Birkhoff 系统的 Noether 理论.固体力学学报,2001,22:263-269.

[59] 张宏彬.单面约束 Birkhoff 系统的 Noether 理论.物理学报,2001,50(10):1837-1841.

[60] Lutzky M. Symmetry groups and conserved quantities for the harmonic oscillator. J. Phys. A: Math. Gen, 1978, 11(2): 249-258.

[61] Lutzky M. Dynamical symmetries and conserved quantities. J. Phys. A: Math. Gen, 1979, 12(7): 973-981.

[62] Prince G. E., Eliezer C. J. On the Lie symmetries of the classical kepler problem. J. Phys. A: Math. Gen, 1981, 14(4): 588-596.

[63] Olver P. J. Applications of Lie groups to differential equations. New York: Springer-Verlag. 1986.

[64] Bluman G. W., Kumei S. Symmetries and differential equations. New York: Springer-Verlag, 1989.

[65] Ibragimov N. H. CRC Handook of Lie Group Analysis of Differential Equations. Boca Raton: CRC Press. 1994.

[66] Sen T., Tabor M. Lie symmetries of the lorenz model. Physcia D. 1990, 44: 313-339.

[67] Barbara A. S. Lie Group symmetries and invariants of the Hénon-Heiles equations. J. Math. Phys. 1990, 31(7): 1627-1631.

[68] Shivamoggi B. K., Muilenburg L. On Lewis' exact invariant for the liner harmonic oscillator with time-dependent frequency. Phys. Lett. A. 1991, 154: 24-28.

[69] 赵跃宇,梅凤翔.关于力学系统的对称性与不变量.力学进展,1993,23(3):360-372.

[70] 赵跃宇.非保守力学系统的Lie对称性和守恒量.力学学报,1994,26(3):380-384.

[71] Mei F. X. Lie symmetries and conserved quantities of birkhoffian systems. Chin. Sci. Bull. 1998, 43(18): 1937-1939.

[72] Wu R. H., Mei F. X. On the symmetries of the nonholonomic mechanical systems. J. Beijing. Inst. Technol. 1997, 6(3):229-235.

[73] Liu R. W., Fu J. L. Lie symmetries and conserved quantities of nonholonomic systems in phase space. Appl. Math. Mech. 1999, 20(6): 635-640.

[74] Fu J. L. Chen X. W., Luo S. K. Lie symmetries and conserved quantities of rotational relativistic systems. Appl. Math. Mech. 2000, 21(5): 549-556.

[75] Zhang Y., Mei F. X. Lie symmetries of mechanical systems with unilateral holonomic constriants. Chin. Sci. Bull. 2000, 45(15): 1354-1357.

[76] 梅凤翔.包含伺服约束的非完整系统 Lie 对称性与守恒量.物理学报,2000,49(7):1207-1210.

[77] 梅凤翔.一阶 Lagrange 系统的 Lie 对称性与守恒量.物理学报,2000,49(10):1901-1903.

[78] 方建会,赵嵩卿.相对论性转动变质量系统的 Lie 对称性与守恒量.物理学报,2001,50(3):390-393.

[79] Zhang H. B. Lie Symmetries and conserved Quantities of Non-holonomic Mechanical Systems with Unilateral Vacco Constraints. Chin. Phys. 2002, 11(1): 1-4.

[80] Zhang H. B., Gu S. L. Lie symmetries and conserved quantities of birkhoff systems with unilateral constraints. Chin. Phys. 2002, 11(8): 765-770.

[81] Lutzky M. Origin of non-noether invariants. Phys. Lett. A. 1979, 75: 8-10.

[82] Prince G. E. Department of Applied Mathematics, Research Report La Trobe University, Melbourne. 1979.

[83] Hojman S. A. A new conserved law constructed without using either Lagrangians or Hamiltonians. J. Phys. A: Math. Gen, 1992, 25: L291-L295

[84] Mei F. X. Form invariance of lagrangian systems. J. Beijing Inst. Technol. 2000, 9(2): 120-124.

[85] Mei F. X. Form invariance of appell equation. Chin. Phys. 2001, 10(3): 177-180

[86] Mei F. X., Chen X. W. Form invariance of birkhoffian systems. J. Beijing Inst. Technol. 2001, 10(2):138-142.

[87] Wang S. Y., Mei F. X. On the form invariance of nielsen equation. Chin. Phys. 2001, 10(5): 373-375.

[88] Wang S. Y., Mei F. X. On the form invariance and Lie symmetries of equation of nonholonomic systems. Chin. Phys. 2002, 11(5): 5-9.

[89] 梅凤翔.完整力学系统别的三类对称性与三类守恒量.动力学与控制学报,2004,2(1):28-30.

[90] 葛伟宽. Chaplygin 系统的 Noether 对称性与形式不变性.物理学报,2002,51(5):939-942.

[91] 方建会,薛忠庆,赵嵩卿. 非保守力学系统 Nielsen 方程的形式不变性. 物理学报,2002,51(10):2183-2185.

[92] Zhang Y. Form invariance for systems of generalized classical mechanics. Chin. Phys. 2003, 12(10): 1058-1061.

[93] 罗绍凯. Hamilton 系统 Mei 的对称性,Noether 对称性和 Lie 对称性. 物理学报,2003,52(12):2941-2944.

[94] Fu J. L., Chen L. Q. Form invariance, noether symmetry and Lie symmetry of hamilton systems in phase space. Mechanics Research Communications. 2004, 31(1): 9-19.

[95] 楼智美. 相空间中二阶线性非完整系统的形式不变性. 物理学报,2004,53(7):2046-2049.

[96] Xu X. J. Mei F. X., Qin M. C. Non-noether conserved quantity constructed by using form invariance for birkhoffian system. Chin. Phys. 2004, 13(12): 1999-2002.

[97] Qiao Y. F. Li R. J., Ma Y. S. Form invariance of Raitzin's canonical equations of a nonholonomic mechanical system. Chin. Phys. 2005, 14(1): 12-16.

[98] Whittaker E. T. A treatise on the analytical dynamics of particles and rigid bodies. London: Cambridge University Press. 1952.

[99] Mei F. X. 非完整系统第一积分与其变分方程特解的联系. 力学学报, 1991, 23: 366-370.

[100] Zhang H. B., Chen L. Q. Connection of first integrals with particular solutions of the nonsimultaneous variational equations for nonholonomic systems. Mech. Res. Commun. 2005, 32.

[101] Labudde R. A., Greenspan K. Discrete mechanics-a general treatment. J. Compt. Phys. 1974, 15: 134-167.

[102] Rosenbaum J. S. Conservation properties of numerical integration methods for systems of ordinary differential equations. J. Compt. Phys. 1976, 20: 259-269.

[103] Currie D. F., Saletan E. J. q-equivalent particle Hamiltonians. I. the classical one-dimensional case. J. Math. Phys. 1966, 7: 967-974.

[104] Hojman S., Harheston H. Equivalent Lagrangian multi-dimensional

case. J. Math. Phys. 1981, 22: 1414 - 1419.

[105] Hojman S. Symmetries of Lagrangian and their equations of motion. J. Phys. A: Math. Gen. 1984, 17: 2399 -2412.

[106] Lutzky M. Non-invariance symmetries and constants of motion. Phys. Lett. A. 1979, 72(2): 86 - 88.

[107] Lutzky M. New classes of conserved quantities associated with non-noether symmetries. J. Phys. A: Math. Gen. 1982, 15: L87-L91.

[108] Crampin M. A note on non-noether constants of motion. Phys. Lett. A. 1983, 95(5): 209 - 212.

[109] José F. C., Luis A. I. Non-noether constants of motion. J. Phys. A: Math. Gen. 1983, 16: 1 - 7.

[110] Gonález-Gascón F. Geometric foundations of a new conservation law discovered by hojman. J. Phys. A: Math. Gen. 1994, 27: L59-L60.

[111] Lutzky M. Remarks on a recent theorem about conserved quantities. J. Phys. A: Math. Gen. 1995, 28: L637-L638.

[112] Pillay T., Leach P. G. L. Comment on a theorem of hojman and its generalization. J. Phys. A: Math. Gen. 1996, 29: 6999 - 7002.

[113] 张睿超,博士学位论文.北京理工大学.2001.

[114] 张毅.Birkhoff 系统的一类 Lie 对称性守恒量.物理学报,2002,51(3): 461 - 464.

[115] 梅凤翔.相空间中运动微分方程的非 Noether 守恒量.科学通报,2002,47(20):1544 - 1545.

[116] 梅凤翔.广义 Hamilton 系统的 Lie 对称性与守恒量.物理学报,2003,52(5): 1048 - 1052.

[117] 罗绍凯,梅凤翔.非完整力学系统的非 Noether 守恒量—Hojman 守恒量.物理学报,2004,53(3):666 - 670.

[118] Fu J. L. Chen L. Q., Yang X. D. Velocity-dependent symmetries and conserved quantities of the constrained dynamical systems. Chin. Phys. 2004, 13(3): 287 - 291.

[119] Fu J. L., Chen L. Q. Non-noether symmetries and conserved quantities of nonconservative dynamical systems. Phys. Lett. A. 2003, 317(3/4): 255 - 259.

[120] Fu J. L. Chen L. Q., Liu R. W. Non-noether symmetries and conserved quantities of the Lagrange mechanico-electrical systems. Chin. Phys. 2004, 13(11): 1784-1789.

[121] 张宏彬. 陈立群,顾书龙. Birkhoff 系统的一般 Lie 对称性和非 Noether 守恒量. 力学学报,2004,36(2):254-256.

[122] Zhang H. B. Chen L. Q., Gu S. L. Lie symmetries and non-noether conserved quantities of nonholonomic systems. Commun. Theor. Phys. 2004, 42(3): 321-324.

[123] Zhang H. B., Chen L. Q. The united form of Hojman's conservation law and Lutzky's conservation law. J. Phys. Soc. Jap. 2005, 74(3): 905-909.

[124] Katzin G. H., Levine J. Characteristic functional structure of infinitesimal symmetry mappings of classical dynamical systems. Ⅰ. Velocity-dependent mappings of second-order differential equations. J. Math. Phys. 1985, 26(12): 3080-3099.

[125] Katzin G. H., Levine J. Characteristic functional structure of infinitesimal symmetry mappings of classical dynamical systems. Ⅱ. Mappings of first-order differential equations. J. Math. Phys. 1985, 26(12): 3100-3104.

[126] Katzin G. H., Levine J. Characteristic functional structure of infinitesimal symmetry mappings of classical dynamical systems. Ⅲ. Systems with cyclic variables. J. Math. Phys. 1986, 27(7): 1756-1759.

[127] Zhang H. B., Chen L. Q. Characteristic functional structure of infinitesimal symmetry transformations for nonholonomic system. Journal of Shanghai University. 2005, 9(2): 238-242.

[128] Gu S. L., Zhang H. B. Characteristic functional structure of infinitesimal symmetry transformation of birkhoffian system. Chin. Phys. 2004, 13(7): 979-983.

[129] 张毅. 广义经典力学系统的第一积分与变分方程特解的联系. 物理学报,2001,50(11):2059-2061.

[130] Zhang Y. Construction of the solution of variational equations for

constrained birkhoffian systems. Chin. Phys. 2002, 11(5): 437 - 440.

[131] 冯康,秦孟兆. 哈密尔顿系统的辛几何算法. 杭州:浙江科学技术出版社,2003.

[132] Cadzow J. A. Discrete calculus of variations. Int. J. Control. 1970, 11(3): 393 - 407.

[133] Logan J. D. First integrals in the discrete variational calculus. Aequat. Math. 1973, 9: 210 - 220.

[134] Logan J. D. Higher dimensional problems in the discrete calculus of variation. Int. J. Contral. 1973, 17(2): 315-320.

[135] Maeda S. On symmetries in a discrete model of mechanical systems. Math. Japonica. 1978, 23(2): 231 - 244.

[136] Maeda S. On quadratic invariants in a discrete model of mechanical systems. Math. Japonica. 1978, 23(6): 587 -605.

[137] Maeda S. Canonical structure and symmetries discrete systems. Math. Japonica. 1980, 25(4): 405 - 420.

[138] Maeda S. Extension of discrete noether theorem. Math. Japonica. 1981, 26(1): 85 - 90.

[139] Maeda S. Lagrangian formulation of discrete systems and concept of difference space. Math. Japonica. 1982, 27(3): 345 - 356.

[140] Lee T. D. Can time be a discrete dynamical variable?. Phys. Lett. B. 1983, 122: 217 - 220.

[141] Lee T. D. "Discrete mechanics", lectures given at the international School of Subnuclear, Physics, Erice, August 1983.

[142] Lee T. D. Difference equations and conservation laws. J. Statis. Phys. 1987, 46: 843 - 860.

[143] Veselov A. P. Integration systems with discrete time and difference operators. Funct. Anal. Appl. 1988, 22(2): 1 - 13.

[144] Veselov A. P. Integration lagrangian correspondences and the factorization of matrix polynomials. Funct. Anal. Appl. 1991, 25(2): 38 - 49.

[145] Moser J., Veselov A. P. Discrete versions of some classical integrable systems and factorization of matrix polynomials. Commun. Math. Phys.

1991, 139:217-243.

[146] Ruth R. D. A canonical integration technique. IEEE Trans. Nucl. Sci. 1983, 30: 1669-2671.

[147] Feng K. On difference schemes and symplectic geometry. in proceedings of the 1984 Beijing symposium on differential geometry and differential equations—computation of partial differential equations. Edited by Feng Keng, Beijing: Science Press. 1985.

[148] Ge Z. Symplectic geometry and its application in numerical analysis. Ph. D. Dissertation. Computer Center. CAS. 1988.

[149] Ge Z., Marsden J. E. Lie-Possion Hamilton-Jacobi theory and Lie-Possion integrators. Phys. Lett. A. 1988, 133(3): 134-139.

[150] Jaroszkiewicz G., Norton K. Principles of discrete time mechanics: Ⅰ. particle systems. J. Phys. A: Math. Gen. 1997, 30: 3115-3144.

[151] Jaroszkiewicz G., Norton K. Principles of discrete time mechanics: Ⅱ. classical field theory. J. Phys. A: Math. Gen. 1997, 30: 3145-3163.

[152] Norton K., Jaroszkiewicz G. Principles of discrete time mechanics: Ⅲ. quantun field theory. J. Phys. A: Math. Gen. 1998, 31: 977-1000.

[153] Wendlandt J. M., Marsden J. E. Mechanical integrators derived form a discrete variational principle. Physica D. 1997, 106: 223-246.

[154] Marsden J. E. Patrick G. W., Shkoller S. Multisymplectic geometry, variational integrators, and nonlinear PDEs. Commun. Math. Phys. 1998, 199:351-395.

[155] Kane C. Marsden J. E., Ortiz M. Symplectic-Energy-momentum preserving variational integrators. J. Math. Phys. 1999, 40(7):3353-3371.

[156] Kane C. Marsden J. E. Ortiz M., West M. Variational integrators and the newmark algorithm for conservative and dissipative mechanical systems. Int. J. Numer. Meth. Engng. 2000, 49: 1295-1325.

[157] Cortés J., Martinez S. Non-holonomic integrators. Nonlinearity. 2001, 14: 1365-1392.

[158] De León M., Martin De Diego D. Variational integrators and time-dependent lagrangian systems. Reports on Mathematical Physics. 2002, 49:183-192.

[159] Guo H. Y. Wu K., Zhang W. Noncommutative differential calculus on discrete abelian groups and its applications. Commun. Thero. Phys. 2000, 34: 245-250.

[160] Guo H. Y. Wu K. Wang S. H. Wang S. K., Min W. G. Noncommutative differential calculus approach to discrete symplectic schemes on regular lattice. Commun. Thero. Phys. 2000, 34:307-316.

[161] Guo H. Y. Li Y. Q., Wu K. A note on sympletic algorithm. Commun. Thero. Phys. 2001, 36: 11-18.

[162] Guo H. Y. Li Y. Q., Wu K. Sympletic and multisymplectic structures and their discrete versions in Lagrangian formalism. Commun. Thero. Phys. 2001, 35: 703-710.

[163] Guo H. Y. Li Y. Q. Wu K., Wang S. K. Difference discrete variational principles, euler-Lagrange cohomology and sympletic, multisymplectic structures Ⅰ: difference discrete variational principle. Commun. Thero. Phys. 2002, 37: 1-10.

[164] Guo H. Y. Li Y. Q. Wu K., Wang S. K. Difference discrete variational principles, Euler Lagrange cohomology and sympletic, multisymplectic structures Ⅱ: Euler Lagrange cohomology. Commun. Thero. Phys. 2002, 37: 129-138.

[165] Guo H. Y. Li Y. Q. Wu K., Wang S. K. Difference discrete variational principles, Euler-Lagrange cohomology and sympletic, multisymplectic structures Ⅲ: application to symplectic and multisymplectic algorithms. Commun. Thero. Phys., 2002, 37: 257-264.

[166] Chen J. B. Guo H. Y., Wu K. Total variation in Hamiltonian formalism and symplectic-energy integrators. J. Math. Phys., 2003, 44(4): 1688-1702.

[167] Guo H. Y., Wu K. On variations in discrete mechanics and field theory. J. Math. Phys. 2003, 44(12): 5978-6004.

[168] Neimark J. I., Fufave N. A. Dynamics of nonholonomic systems. Moscow:

Nauka. 1967. (in Russian)

[169] Lur'e A. I. Analytical mechanics. Moscow: Gostechizdat. 1961. (in Russian)

[170] Wittenburg J. Dynamics systems of rigid bodies. Stuttgart: Teubner. 1977.

[171] Ostrovskaya S., Angeles J. Nonholonomic systems revisited within the framework of analytical mechanics. Appl. Mech. Rev. 1998, 51(7): 415 - 433.

[172] Appell P. Avex deux notes de M Hadamard. Paris: Scientia. 1889.

[173] Hamel G. Mechanik. Berlin: Springer-Verlag. 1949.

[174] 梅凤翔. 非完整系统力学基础. 北京:北京工业学院出版社. 1985.

[175] Fu J. L., Chen L. Q. Non-Noether symmetries and conserved quantities of nonconservative dynamical systems. Phys. Lett. A. 2003, 317(3/4): 255 - 279.

[176] Birkhoff G. D. Dynamical systems. New York: AMS College Publ. Providence. RI. 1927.

[177] Santilli R. M. Foundations of theoretical mechanics Ⅱ. New York: Springer-Verlag., 1983.

[178] 梅凤翔,史荣昌,张永发等. Birkhoff 系统动力学. 北京:北京理工大学出版社,1996.

[179] 梅凤翔. Birkhoff 系统的 Noether 理论. 中国科学: A 辑,1993,23(7): 709 - 717.

[180] Mei F. X. Zhang Y. F., Shang M. Lie symmetries and conserved quantities of birkhoffian system. Mech. Res. Commun. 1999, 26(1): 7 - 12.

[181] 傅景礼,王新民. 相对论性 Birkhoff 系统的 Lie 对称性和守恒量. 物理学报,2000,49(6):1023 - 1027.

[182] 张宏彬. 单面约束 Birkhoff 系统的 Noether 理论. 物理学报,2001,50(10):1837 - 1841.

[183] Zhang H. B., Gu S. L. Lie Symmetries and Conserved Quantities of Birkhoff Systems with Unilateral Constraints. Chin. Phys. 2002, 11(8): 765 - 770.

[184] Arnold V. I. Mathematical methods of classical mechanics. Springer-Verlag, New York., 1978.

[185] Lanczos C. The variational priniciple of mechanics. Toronto: University of Toronto Press. 1970.

[186] Jackson E. A. Perspectives on nonlinear dynamics Vol. I. Cambridge: Cambridge University Press. 1989.

[187] Jurdjevic V. Geometric control theory. New York: Cambridge University Press. 1997.

[188] Mei F. X. The first integral and integral invariant of birkhoffian system. Chin. Sci. Bull. 1999, 44: 2262-2264.

[189] Sanz-Serna J. M., Calvo M. Numerical Hamiltonian problems. London: Chapman and Hall. 1994.

[190] Marsden J. E., West M. Discrete mechanics and variational integrators. Acta Numerica. 2001, 10: 357-514.

[191] Miller K. S. Linear difference equations. New York: W. A. Benjamin, Inc. 1968.

[192] 陈滨.分析动力学.北京:北京大学出版社,1987.

[193] 梅凤翔,刘端,罗勇.高等分析力学.北京:北京理工大学出版社,1991.

[194] Synge J. L. Classical dynamics. Berlin: Springer-Verlag. 1960.

[195] Mei F. X. Parametric equations of nonholonomic nonconservative systems in event space and the method of their integration. Acta Mechanica Sinica. 1990, 6(2): 160-168.

[196] Mei F. X. Nonholonomic mechanics. Appl. Mech. Rev. 2000, 53(11): 283-305.

致　谢

本文是在导师陈立群教授悉心指导和热情关怀下完成的，首先向陈立群教授表示崇高的敬意和衷心的感谢。陈老师三年来对我学业上的精心指导和生活上的悉心关照给我的研究工作创造了良好的条件；无论是从论文的选题、还是论文的修改、或是研究过程中若干疑难问题的解决都倾注了陈老师的大量的心血；陈老师高深的学术造诣、和蔼的处世态度、严谨的治学精神和高尚的做人风范都给我留下深刻的印象；陈老师实事求是的工作作风和不断创新、勇于突破的进取精神永远激励着我。

北京大学教授陈滨先生在我进修期间(1997—1998)，将我引入分析动力学领域，并精心指导我研究非完整系统动力学的一些具体问题。在我攻博期间，陈先生给了我很多的支持和帮助，在此向陈滨先生表示衷心的感谢！

北京理工大学教授梅凤翔先生多年来对我的学业给予无私帮助和支持，同时梅先生渊博的学识、严谨的治学态度和孜孜以求的奋斗精神对我产生了极大的影响，在此向梅凤翔先生表示衷心的感谢！

上海交通大学教授刘延柱先生对我的学业一直非常关注，多年来给予我许多的帮助和支持，在此表示深切的谢意！

2004 年 11 月在参加中国高等科学技术中心参加学术会议的过程中，中科院理论物理研究所郭汉英教授给予我无私的帮助和支持，在此表示深深的谢意！

衷心感谢力学所郭兴明教授、程昌钧教授、戴世强教授及张俊乾教授对作者在上海大学上海市应用数学和力学研究所学习期间给予的关心和帮助。感谢麦穗一老师、董力耘老师和秦志强老师，以及孙畅和王端老师三年来的关心和帮助。感谢力学所的领导和各位老师为我们创造了如此美好的学习和工作环境。

非常感谢本课题组的同学们：戈新生博士、傅景礼博士、薛纭博士、赵维加博士、张伟博士、杨晓东博士、刘荣万博士、郑春龙博士、胡庆泉博士和李晓军硕士、吴俊硕士、刘芳硕士等，与他们的学术探讨使我深受启发，愿他们不断取得进步！

三年来，与M8楼的同学们结下了最深厚的友谊，那一个个不眠之夜和茶余饭后的欢声笑语使单调的学习生活变得色彩斑斓。他们将走向四面八方、走向五湖四海，我衷心地为他们祝福！

博士学习期间，我所在的工作单位巢湖学院的各位领导、物理系的各位领导和同事在工作、学业及生活等各方面给予我大力支持和关心，在此谨向他们致以真诚的感谢！

特别感谢我的妻子和女儿。三年前，当我离家求学时，女儿还小，妻子一人独撑家庭重担，并且工作有成。三年来，妻子给予我无限的理解和支持，使我得以顺利完成学业。她为我所付出的一切，是我终身奋斗的动力，谨以此文献给我的妻子和女儿。

最后，我要感谢所有关心、支持和帮助过我的朋友们！

本文工作受到安徽省教育厅自然科学基金资助(批准号：2004KJ294)，在此鸣谢！